Sitzungsberichte
der Akademie der Wissenschaften
der DDR
Mathematik – Naturwissenschaften – Technik

9 N

1986

Methoden in der Geophysik

AKADEMIE-VERLAG BERLIN

Sitzungsberichte
der Akademie der Wissenschaften
der DDR
Mathematik — Naturwissenschaften — Technik

Jahrgang 1986 · Nr. 9/N

Methoden in der Geophysik

AKADEMIE-VERLAG BERLIN
1987

Vorträge auf dem Kolloquium der Klasse Geo- und Kosmoswissenschaften der Akademie der Wissenschaften der DDR am 20. Juni 1985

Herausgegeben im Auftrage des Präsidenten der Akademie der Wissenschaften der DDR von Vizepräsident Prof. Dr. Heinz Stiller

ISBN 3-05-500210-5
ISSN 0138-3965
Erschienen im Akademie-Verlag Berlin, DDR-1086 Berlin, Leipziger Str. 3--4

Lizenznummer: 202 · 100/350/87
Printed in the German Democratic Republic
Gesamtherstellung: VEB Druckhaus Köthen
LSV 1435
Bestellnummer: 763 6567 (2010/86/9/N)
00800

Inhalt

Wolfgang Mundt

Einleitung

Der geophysikalische Erkenntnisprozeß wird zunehmend komplizierter und aufwendiger, nachdem die übersichtsmäßige Erforschung der Erdoberfläche, des Erdinneren sowie der Hydro- und Atmosphäre der Erde bereits der Vergangenheit angehört. Gegenwärtig steht die Aufgabe, die Effekte und Prozesse höherer Ordnung zu erkennen und zu deuten, die raum-zeitliche Feinstruktur geophysikalischer Phänomene und Felder zu ergründen und von der Beschreibung über die Deutung zur Modellierung und Prognose zu gelangen. Aus dieser Situation resultiert, daß methodologische Fragen in der Geophysik an Bedeutung gewinnen.

Das Ziel des Kolloquiums der Klasse Geo- und Kosmoswissenschaften war dadurch gekennzeichnet, bei aller Differenziertheit der verschiedenen geophysikalischen Untersuchungen methodische Gemeinsamkeiten aufzudecken, Anregungen über die spezielle Fachdisziplin hinaus zu vermitteln und damit einen Beitrag zur Effektivierung der geophysikalischen Forschungsarbeiten zu leisten. Methoden in der Geophysik bedeutet nicht nur die Nutzung physikalischer Methoden zur Untersuchung von Strukturen, Erscheinungen und Prozessen im festen Erdkörper, in der Hydrosphäre und Atmosphäre. Geophysikalische Methoden sind sehr oft spezifisch und stellen spezielle „Aufbereitungen" von bekannten physikalischen oder/und mathematischen Methoden dar.

Die Spezifik beginnt bei der Messung oder Beobachtung, sie setzt sich in der Datenbearbeitung in Form von Reduktionen, Mittelungen und Fehlerabschätzungen fort und findet ihren besonderen Ausdruck in speziellen Analysenmethoden, die, gestützt auf Modellvorstellungen, den mittleren, wahrscheinlichsten Zustand ermitteln helfen und darüber hinaus eine Prognose gestatten. Dieser Logik entsprechend wurde die Vortragsfolge des Kolloquiums angelegt. Ausgehend von der Spezifik geophysikalischer Beobachtungen sind Trends, Modelle und Prognosen diskutiert worden. Daneben wurden die für viele geophysikalische Problemstellungen bedeutenden Fragen der inversen Methoden sowie der Zustandsgleichungen behandelt. Ein Beitrag zu modernen Methoden der Zeitreihenanalysen war vorgesehen, mußte aber leider entfallen.

Wenn die Aufsätze dieses Heftes Anregungen zu einem neuen Herangehen an die vorliegenden Aufgabenstellungen geben bzw. zur Intensivierung der geophysikalischen Forschungsprozesse beitragen, wurde das Anliegen des Kolloquiums erfüllt.

Wolfgang Mundt

Beobachtungen und Trends in der Geophysik

1. Einleitung

Der Begriff „Trend“ ist jedem Geophysiker geläufig, aber oft werden verschiedene Dinge darunter verstanden. Das ist nicht verwunderlich, da der Trend im geophysikalischen Interpretationsprozeß vielfältig hinsichtlich seiner Definition, Bestimmung und Anwendung verwandt wird. Allgemein formuliert ist der Trend als Grundrichtung eines statistisch erfaßten Verlaufs aufzufassen. Andere Bezeichnungen für diesen Sachverhalt, speziell in der Geophysik geläufig, sind „Gang“ oder „langsame Variation“. Erklärt man jedoch den Begriff „Trend“ als „Gang“, verlagert man nur die Definition von einem Wort auf ein anderes. Aus dem hier Aufgezeigten wird klar, daß das Wesentliche des Trends nicht durch Definition zu beschreiben ist. Es erscheint vielmehr notwendig, gewisse wesentliche Charakteristika des Trends herauszugreifen und zu diskutieren. Dabei wird zur Erläuterung auf Beispiele aus der geomagnetischen Forschung zurückgegriffen.

2. Wechselbeziehungen zwischen Beobachtungen (Messungen) und Trends

Die Notwendigkeit der Trendbestimmung und -analyse in der Geophysik resultiert aus der Spezifik der geophysikalischen Beobachtungen. Daher gehören die Trendbestimmung und -untersuchung zu den fundamentalsten und bedeutungsvollsten Problemen in der Geophysik. Die Trendbestimmung steht am Beginn fast jeder Interpretation. Die Ursache dafür liegt auf der Hand: Das „Labor“ des Geophysikers ist die Erde selbst mit ihrer Litho-, Hydro- und Atmosphäre. Meßplätze sind auf der Erdoberfläche, in der Erdkruste, in Bohrlöchern und Schächten, auf dem Eis, im Eis, an Masten, in Flugzeugen, auf Satelliten und Raumsonden, aber auch auf, im und unter Wasser auf dem Meeresboden. Dabei liegen fast nie ideale Beobachtungsbedingungen vor, Orts- und Zeitfehler treten auf. Fast immer sind räumlich, zeitlich bzw. raum-zeitlich variable Vorgänge oder Prozesse zu erfassen, dabei stützt sich der Geophysiker auf Meßnetze bzw. mehr oder weniger inhomogene Netze von Observatorien. Direkte, aber auch indirekte Messungen werden ausgeführt. Die meisten Parameter in der Geophysik lassen sich nicht isoliert oder „rein“ erfassen, sie sind überlagert von Anteilen verschiedener Quellen, und natürlich oder anthropogen gestört.

Aus dieser Auflistung von Besonderheiten der Beobachtungen und Messungen in der Geophysik resultiert direkt die unmittelbare Verknüpfung von Beobachtung und Trend. Um das Wesentliche vom Unwesentlichen zu trennen, müssen Generalisierungen vorgenommen werden, Trendberechnungen und -analysen sind notwendig. Ein überzeugendes Beispiel dazu ist die Ableitung der Säkularvariation des geomagnetischen Feldes aus den Registrierungen der zeitlichen geomagnetischen Variationen an den Observatorien. Da das geomagnetische Variationsspektrum mehr als 12 Größenordnungen umfaßt, sind die Jahresmittel an den Observatorien als Grundlage für die Berechnung der Säkularvariation nur aus den Stunden-, Tages- und Monatsmittelwerten zu berechnen. Die Säkularvariation ist der Trend der langzeit-

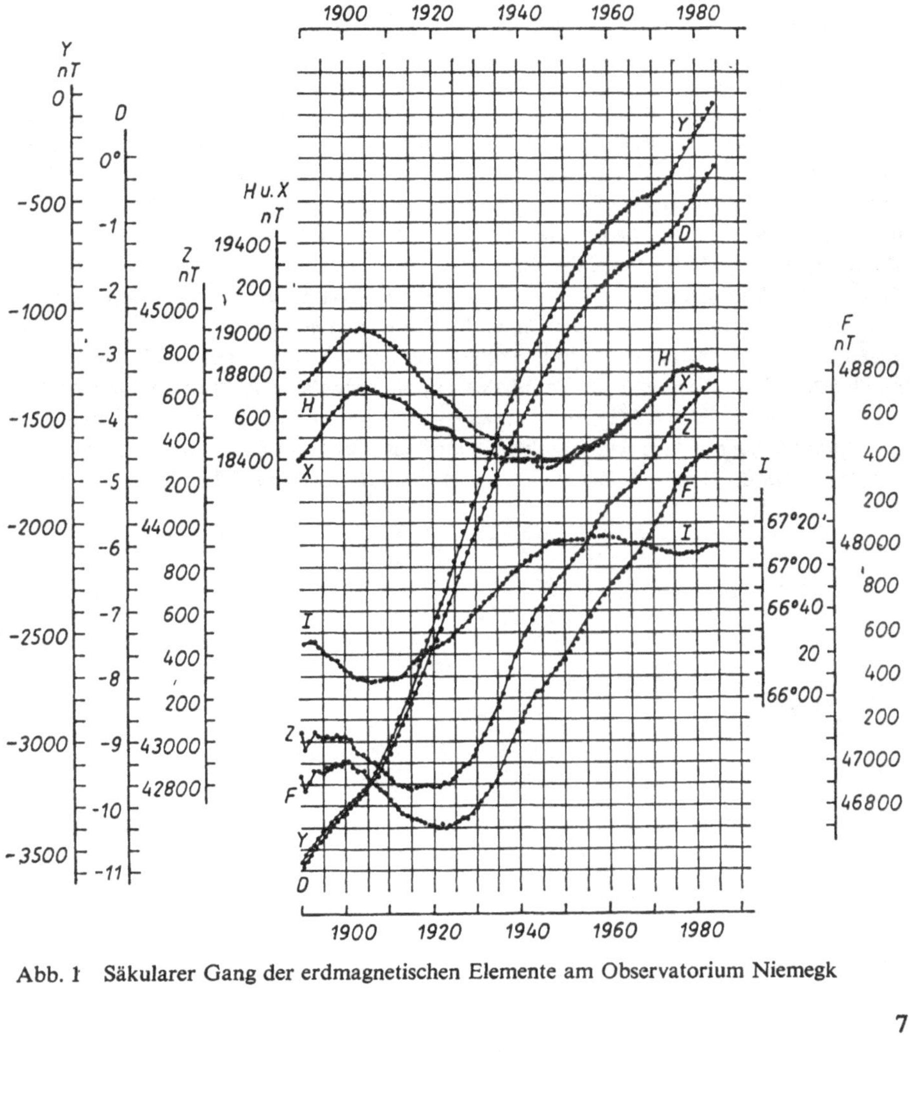

Abb. 1 Säkularer Gang der erdmagnetischen Elemente am Observatorium Niemegk

lichen Änderungen des geomagnetischen Feldes. Abbildung 1 gibt diese Trends für die Elemente und Komponenten des geomagnetischen Feldvektors für das Adolf-Schmidt-Observatorium in Niemegk/DDR wieder [1]. Man erkennt, daß die Trends eine Fülle wesentlicher Informationen enthalten, die weit über die Aussage eines ansteigenden oder abfallenden Trends hinausgehen.

3. Zeitliche und räumliche Trends, Trends verschiedener Ordnung

Es ist in der Geophysik üblich, mit zeitlichen und räumlichen Trends zu arbeiten. In beiden Fällen werden durch den Trend wesentliche Charakteristika aus Beobachtungsreihen oder -netzen hervorgehoben. Dem Beispiel der Säkularvariationskurven als zeitlichem Trend können aus geomagnetischer Sicht die Normalfelder als zweidimensionale räumliche Trends gegenübergestellt werden. Beide Trends spielen bei der Untersuchung der Raum-Zeit-Struktur des geomagnetischen Feldes eine bedeutende Rolle. Sowohl zeitliche als auch räumliche Trends können von verschiedener Ordnung sein. Man arbeitet mit linearen, quadratischen oder kubischen Trends, mitunter erweisen sich stückweise lineare Trends als vorteilhaft. In jedem Fall ist neben der Ordnung des Trends das zeitliche oder räumliche Bezugsintervall für die Trendaussage von Bedeutung. Die Ordnung allein sagt nichts über den Charakter des Trends aus. Betrachtet man z.B. das Verhalten des geomagnetischen Dipolmomentes, so ergeben paläomagnetische Messungen für die letzten 400 Mio Jahre einen schwach ansteigenden quadratischen Trend. Archäomagnetische Daten zeigen für die letzten 9000 Jahre Schwankungen im Trend des Dipolmomentes mit einem Minimum vor etwa 5000 Jahren, einem Maximum vor etwa 1500 Jahren und danach eine Abnahme. Die Analyse rezenter geomagnetischer Daten bestätigt für die letzten 150 Jahre diese Abnahme, für die letzten 40 Jahre liegt sie bei etwa 20 bis 30 nT/Jahr, wie Abbildung 2

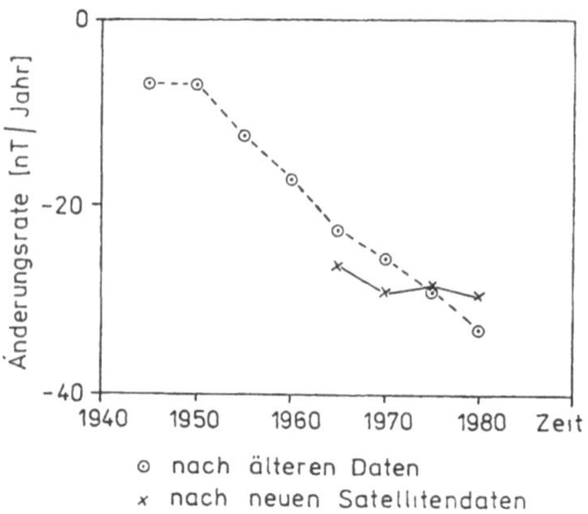

Abb. 2 Abnahme des erdmagnetischen Dipolmomentes

zeigt [2]. Die Aussage über den Trend der Änderung des geomagnetischen Dipolmomentes ist hiernach also nur korrekt, wenn das Bezugsintervall ebenfalls angegeben wird.

4. Trend und Anomalien

Jede Trendberechnung aus einem Kollektiv von Meßdaten liefert neben dem Trend auch die Abweichungen der einzelnen Messungen oder Beobachtungen gegenüber dem Trend. Diese Abweichungen, in der Geophysik meist als Anomalien bezeichnet, besitzen im Interpretationsprozeß neben dem Trend häufig eine eigenständige Bedeutung. So unterscheidet man bei der Arbeit mit dem Trend generell zwei Richtungen: Entweder ist der Trend gesucht oder die Abweichungen (Anomalien) sind zu interpretieren. Dabei wird vorausgesetzt, daß diese Abweichungen nicht nur Meßfehler repräsentieren, sondern auf Quellen zurückgehen, deren Aussonderung oder Abtrennung infolge charakteristischer Perioden oder Dimensionen mittels Trendberechnung möglich ist. Beispiele hierzu lassen sich in der Geophysik viele bieten, aus Untersuchungen zum Charakter der geomagnetischen Säkularvariation in Europa sollen hier zwei typische Beispiele angeführt werden. Abbildung 3 zeigt die etwa 11jährige Sonnenzyklusvariation in den Jahresmitteln für die Vertikalkomponente Z am Observatorium Niemegk [3]. Sie läßt sich eindeutig darstellen durch Approximation der Jahresmittelwerte mittels Polynomen wachsender Ordnung. Der Trend wird so lange variiert, bis die Abweichungen durch die Trendvariation nicht mehr wesentlich beeinflußt werden. Das ist in diesem Beispiel für die 3. Ordnung der Fall. Die Abweichungen gegenüber dem Trend stellen hierbei die gesuchte R-Variation dar, der Trend selbst entspricht der von dieser Variation befreiten Säkularvariation. Waren in diesem Beispiel die Anteile unterschiedlicher physikalischer Quellen voneinander zu trennen, beschreibt das nächste Beispiel das Problem der Abtrennung fehlerhafter Anteile aus den Beobachtungsdaten. Abbildung 4 zeigt lokale Säkularvariationsanomalien auf einem Profil im Südteil der DDR [4]. Die Erfassung dieser sehr schwachen Anomalien erfordert einen großen Meßaufwand über mehrere Jahre hinweg. Trotzdem lassen sich Streuungen der Meßdaten durch natürliche bzw. anthropogene Störquellen sowie durch notwendige Meßpunktverlegungen nicht vermeiden. Zur Minimierung dieser Einflüsse wurde ein linearer Trend gewählt, der dem regionalen Verhalten der Säkularvariation voll entspricht und keine neue Information beinhaltet. Demgegenüber zeigen die Abweichungen gegenüber dem Trend erstmals die Existenz lokaler Säkularvariationsanomalien in einem seismisch nahezu ruhigen Gebiet, das jedoch durch rezente Tektonik geprägt wird.

5. Mathematische und physikalische Trends

Generell sind mathematisch und physikalisch bestimmte Trends zu unterscheiden. Dabei besteht die Möglichkeit, den mathematischen Trend entweder graphisch oder

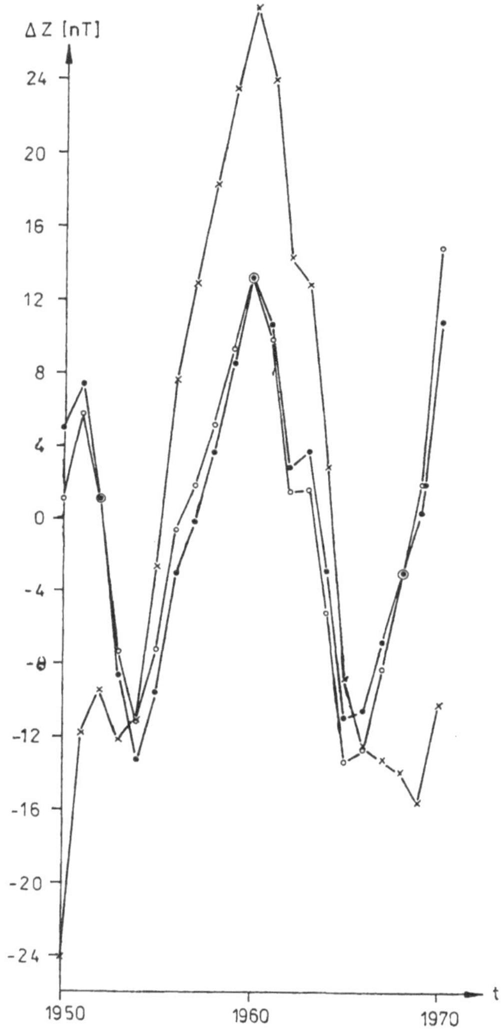

Abb. 3 Sonnenzyklusvariationen in der Vertikalkomponente Z am Observatorium Niemegk bezogen auf Approximationspolynone 1. (×), 2. (○) und 3. (●) Ordnung

analytisch festzulegen. Ein graphischer Trend braucht dabei nicht unbedingt ungenauer zu sein als ein mathematisch berechneter, die jeweilige Methode ist dem Problem und den vorliegenden Meßdaten entsprechend zu wählen. So entsprach in der Abbildung 4 ein graphischer Trend vollauf dem Charakter der vorliegenden Meßdaten.

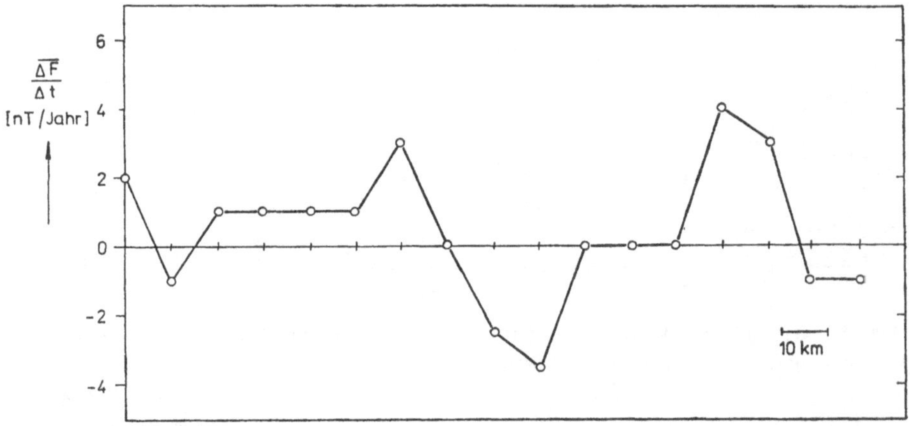

Abb. 4 Lokale Säkularvariationsanomalien im Süden der DDR nach Profilmessungen im Zeitraum 1978–1984

Zur mathematischen Trendbestimmung werden meist Ausgleichspolynome verwandt, deren Koeffizienten durch Ausgleichung nach der Methode der kleinsten Quadrate berechnet werden. Es gibt aber auch Fälle in der Geophysik, bei denen man mit determinierten Gleichungssystemen signifikante Trends berechnet hat. Die geomagnetischen Normalfelder nach Rössiger [5] sind ein typisches Beispiel dafür.

Physikalische Trends können für Kollektive von Beobachtungsdaten berechnet werden, wenn die inneren physikalischen Zusammenhänge bekannt sind bzw. wenn die Wirkungen einzelner Quellenanteile physikalisch beschrieben werden können. Die in Abbildung 2 gezeigte Abnahme des geomagnetischen Dipolmomentes ist ein Beispiel für einen physikalischen Trend. Seine Berechnung verlangt verschiedene Schritte: Aus den weltweiten geomagnetischen Beobachtungen wurde eine Kugelflächenfunktionsreihe berechnet, deren Glieder 1. Ordnung das geomagnetische Dipolfeld darstellen. Sie gestatten außerdem die Berechnung des Dipolmomentes, dessen Trend in der Abbildung 2 dargestellt wird. In diesem Fall besteht keine unmittelbare Beziehung zwischen den Daten des geomagnetischen Feldes an der Erdoberfläche und dem Trend des Dipolmomentes. Zwischengeschaltet ist eine physikalische Gesetzmäßigkeit.

Mitunter erlauben mathematische Trends, die auf einer physikalischen Modellvorstellung beruhen, im Ergebnis eine physikalische Interpretation von erheblicher Bedeutung. Verdeutlicht werden soll das am Beispiel des globalen Modells des geomagnetischen Feldes in Form der bereits erwähnten Reihenentwicklung des Potentials nach Kugelflächenfunktionen. Betrachtet man die in der Abbildung 5 dargestellte Konvergenz quadratischer Mittelwerte der Koeffizienten dieser Reihe mit wachsender Ordnung, fällt eine Änderung der Abnahme dieser Mittelwerte bei $n = 13$ auf [6]. Da die Koeffizienten der Kugelflächenfunktionen jeweils Anomalien einer bestimmten

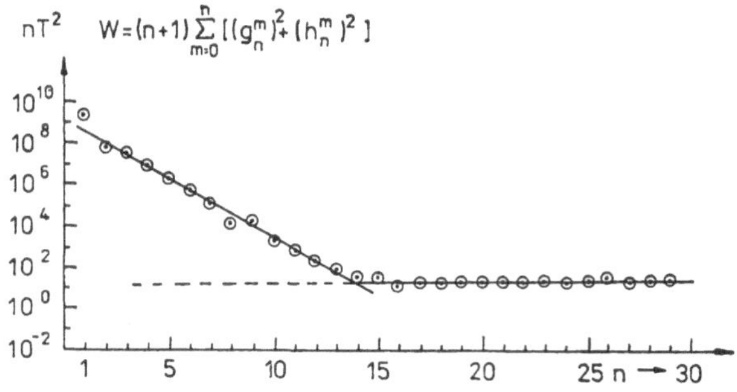

Abb. 5 Kernfeld- und Krustenfeldanteil in den quadratischen Mittelwerten der Potentialentwicklung des geomagnetischen Feldes

charakteristischen Dimension erfassen, wobei diese Dimension mit wachsender Ordnung abnimmt, gibt die Größe der quadratischen Mittelwerte in Abbildung 5 Auskunft über die Existenz von Anomalien einer bestimmten Dimension. Da aus potential-theoretischen Überlegungen heraus jedoch die Dimension mit der Quellentiefe gekoppelt ist, gibt die Abbildung 5 auch Auskunft über die Existenz von Anomalienquellen in den verschiedenen Tiefenbereichen des Erdkörpers. Die Kurve für niedere Ordnungen entspricht danach dem geomagnetischen Kernfeld, während der zweite Ast das geomagnetische Krustenfeld repräsentiert. Somit erlaubt der Trend der quadratischen Mittelwerte der Kugelfunktionsentwicklung die wesentliche Aufspaltung des geomagnetischen Feldes in den Kern- und in den Krustenfeldanteil.

6. Trend im geophysikalischen Erkenntnisprozeß

Die mit der Spezifik geophysikalischer Beobachtungen unmittelbar gekoppelten Methoden der Trendberechnung und Trendvariation stellen in vielen Fällen eine eigenständige Interpretationsmethode dar. Sie haben sich vielfach bewährt bei der

- Eliminierung von Meß- und Beobachtungsfehlern,
- Trennung kurzzeitiger (kurzperiodischer) Variationen vom Langzeitverhalten,
- Trennung lokaler (regionaler) Anomalien vom globalen Verlauf,
- Trennung der Wirkungen unterschiedlicher Quellen.

Trenduntersuchungen werden im geophysikalischen Erkenntnisprozeß auf verschiedenen Stufen wirksam. Sie sind häufig mathematischer oder physikalischer Ansatz, andererseits aber auch Modell und vielfach Grundlage der Prognose. Trends in der Geophysik sind vielfach Ansatz und Aussage zugleich.

Literatur

[1] Jahrbuch 1983 des Adolf-Schmidt-Observatoriums für Erdmagnetismus in Niemegk, 102, Potsdam 1984.

[2] Mundt, W.: Zur Abnahme des erdmagnetischen Dipolmoments, Gerlands Beitr. Geophysik 91, 1982, 533–534.

[3] Mundt, W.: Die Sonnenzyklus-Variation in den säkularen magnetischen Gängen an Observatorien und Säkularpunkten. Gerlands Beitr. Geophysik 92, 1983, 162–170.

[4] Mundt, W./Auster, V.: Tectonomagnetic field variations in an aseismic region with recent tectonics, Gerlands Beitr. Geophysik 95, 1986, 197–206.

[5] Thiele, E.: Das Rössigersche Normalfeld der Vertikalintensität und seine zeitliche Änderung, Abh. Geophys. Inst. Potsdam 5, 1952, 79–88.

[6] Meyer, J./Hufen, J.-H./Siebert, M.: On the identification of MAGSAT anomaly charts as crustal part of the internal field, J. Geophys. Res. 90, 1985, 2537–2541.

Rolf Rösler

Über inverse Aufgaben in der Geophysik

Das Interesse an inversen Aufgaben besteht in der Geophysik schon seit sehr langer Zeit, ohne daß dieser Begriff verwendet wurde. Man kann sogar feststellen, daß letztlich alle wissenschaftlichen Problemstellungen und zwar nicht nur in der Geophysik, auf inverse Aufgaben führen. Bemerkenswert ist jedoch die außerordentliche Intensivierung der Beschäftigung mit inversen Aufgaben in vielen Wissenschaftsgebieten, die in den letzten zwei Jahrzehnten zu verzeichnen ist. Als Anzeichen dafür kann man seit einigen Jahren ein enormes Anwachsen der Zahl der Veröffentlichung darüber feststellen. Allein eine Auswertung je eines Jahrganges zweier repräsentativer geophysikalischer Zeitschriften[1] zeigt, daß bereits 19% der Artikel dieses Thema für verschiedene Probleme behandeln, die nahezu allen Teilgebieten der Geophysik entstammen. Darüber hinaus erscheint seit Februar 1985 eine neue Zeitschrift, die sich ausschließlich inversen Aufgaben widmet[2].

Nach einigen einführenden Bemerkungen können hier deshalb nur ausgewählte Beispiele und Entwicklungsrichtungen dargestellt werden. Auf mathematische Betrachtungen, die für theoretische Begründungen notwendig sind, wird dabei nicht eingegangen.

Die Formulierung eines geophysikalischen Problems als inverse Aufgabe findet man z.B. schon bei den Untersuchungen von Legendre[3] zur Aufstellung eines Dichtegesetzes im Erdinneren aus der Schwerkraft und Modellvorstellungen über das elastische Verhalten der Materie im Erdinneren sowie den sich daran anschließenden Berechnungen der Druckverteilung im Erdinneren und speziell im Erdmittelpunkt. Ein interessantes wissenschaftshistorisches Kuriosum ist es, daß sich der Druck im Erdmittelpunkt, berechnet aus diesen spärlichen Ausgangsdaten, nur um etwa 10% von dem Wert unterscheidet, der sich aus dem uns heute vorliegenden ungleich umfangreicheren Datenmaterial aus der Seismologie und den Beobachtungen der Eigenschwingungen der Erde ergibt (Tab. 1).

Zur Charakterisierung inverser Aufgaben sind zunächst einige allgemeinere Be-

[1] Es handelt sich um Geophysics **49** (1984) und Zeitschrift für Geophysik **50** (1981/1982).

[2] „Inverse Problems — An international journal of inverse problems, inverse methods and computerized inverson of data. Vol. 1., No. 1, Febr. 1985, Bristol, Techno House.

[3] A. M. Legendre, 1752–1833.

Tabelle 1 Druck $p(0)$ im Erdmittelpunkt

Dichtegesetz:	$p(0) =$
konstante Dichte $\varrho = 5520\ \mathrm{kg/m^3}$	170 GPa
Legendre $\varrho(r) = 4420\ R_E \sin(2.49\ r/R_E)/r$	310 GPa
z.Zt. akzeptierte Erdmodelle (Inversion seismischer Daten, Eigenschwingungen d. Erde usw.)	340 GPa

R_E – Erdradius.

trachtungen erforderlich. Bei der wissenschaftlichen Beschreibung der Vorgänge in der Natur sind wir es gewohnt, vom Kausalitätsprinzip auszugehen. Es besagt bekanntlich, daß zwischen Ursache und Wirkung eine naturnotwendige, gesetzmäßige Verknüpfung besteht.

Daraus ergibt sich eine *erste Art inverser Aufgaben*, nämlich die Erforschung von *Naturgesetzen*, der gesetzmäßigen Beziehungen zwischen Ursachen und Wirkungen aus Naturbeobachtungen und Experimenten. Diese Betrachtungsweise soll hier nicht weiter verfolgt werden, sondern nur auf den philosophischen Bezug zu den uns an dieser Stelle interessierenden Problemen verwiesen werden.

Tabelle 2 Direkte und Inverse Aufgaben

I. – Inverse Aufgabe „1. Art":
Experiment + Induktion → (Natur-)Gesetz
II. – Direkte Aufgabe:
Ursache + Gesetz → *Wirkung*
III. – Inverse Aufgabe (i.e.S.) „2. Art":
Wirkung + Gesetz → *Ursache*

Die Kenntnis der Naturgesetze ist notwendig für den nächsten Schritt: die Vorhersage von Wirkungen physikalischer (oder anderer) Prozesse bei bekannten Ursachen. Dazu zählen die Aufgaben, die in der Geophysik bei der Berechnung von Feldern für vorgegebene, bekannte Modelle der Erde oder Teile der Erdkruste in Gravimetrie, Geoelektrik, Seismik usw. auftreten, wir nennen sie *direkte Aufgaben*. Die Ausbildung in Physik, Mathematik und Geophysik wird gegenwärtig weitgehend von den direkten Aufgaben beherrscht, was in fast gleichem Maße von der Lehrbuch-Literatur festzustellen ist.

Die eigentlichen Aufgaben in der Praxis bestehen jedoch auch in der Geophysik in der Interpretation von Beobachtungen und Meßwerten, also in der Suche nach den Ursachen von Wirkungen. Demgemäß kann man als *inverse Aufgaben* im engeren Sinne (oder inverse Aufgaben zweiter Art) solche Aufgabenstellungen bezeichnen, bei denen die unbekannten Ursachen beobachteter Wirkungen gesucht werden, zwischen denen ein kausaler Zusammenhang besteht. In der Ausbildung der Studenten steht hierfür bedeutend weniger Zeit als für die direkten Aufgaben zur Verfügung. Dieser Zustand wird häufig in der Literatur und bei Diskussionen in zahlreichen Ländern bedauert, jedoch zeichnet sich keine wesentliche Änderung ab, wir kennen alle die hohe zeitliche Auslastung der Studienpläne. Strachov [24] sowie Sollogub und Starostenko [23] unterziehen in diesem Sinne einige Lehrbücher der Gravimetrie und Magnetik einer herben Kritik und unterstreicht die Notwendigkeit einer stärkeren Berücksichtigung inverser Aufgaben und von Algorithmen zur automatischen Interpretation von Meßwerten.

Um zu einer allgemeinen Formulierung inverser Aufgaben und der Behandlung einiger Beispiele zu gelangen, sind zunächst noch einige Bemerkungen zu den direkten Aufgaben erforderlich. Der funktionelle Zusammenhang zwischen Ursachen und Wirkungen kann durch eine Operatorgleichung

$$A(u) = w \tag{1}$$

dargestellt werden, wobei

$$\begin{aligned} u &\in U \\ w &\in W \end{aligned} \tag{2}$$

die Ursachen u und die Wirkungen w als Elemente metrischer Räume U und W betrachtet werden und durch den Operator A eine Abbildung des Raumes U auf W erfolgt.

Unter „Ursachen" verstehen wir dabei das Modell, oder genauer: eine Menge von Parametern, die das Modell charakterisieren. Zweckmäßig ist eine Einführung eines n-dimensionalen Parametervektors $\boldsymbol{u} = \boldsymbol{p} = (p_1, p_2, \ldots, p_n)$, wenn das Modell durch n Parameter beschrieben werden kann. Dann gilt

$$\boldsymbol{u} = \boldsymbol{p} \in R^n \subset U \tag{3}$$

während für die rechte Seite von (1) zunächst keine Beschränkung auf einen endlichdimensionalen Vektorraum erforderlich ist: Die Lösung der direkten Aufgabe kann auch bei endlicher Anzahl von Parametern als (stetige) Funktion der Raum- und Zeit-Koordinaten angegeben werden.

Die durch (1) formulierten direkten Aufgaben, wie zum Beispiel die Berechnung des Schwerefeldes im Innen- und Außenraum bei vorgegebener Dichteverteilung als Ursache desselben, oder die Berechnung elektromagnetischer Felder zu vorgegebenen Quellen- und Leitfähigkeitsverteilungen sind in fast allen uns interessierenden Fällen korrekt gestellte Aufgaben: Eine Aufgabe ist korrekt gestellt, wenn sie die folgenden drei Bedingungen erfüllt:

1. Die Lösung w existiert für beliebiges $\boldsymbol{u}$
2. Die Lösung ist eindeutig und
3. Die Lösung w ist stabil, d.h. sie hängt stetig von $\boldsymbol{u}$ ab

Es wurde bereits erwähnt, daß bei den inversen Aufgaben (2. Art) aus experimentellen Daten auf deren Ursachen geschlossen werden soll. Experimentelle Daten (Meßwerte) liegen jedoch stets nur in endlicher Anzahl (m) für diskrete Raum- und Zeitpunkte vor:

$$w = (w_1, w_2, \ldots, w_m) \in R^m \tag{4}$$

Aus den m Meßwerten w sind die Parameter u zu bestimmen. Dazu bemerkte Backus [3], daß die Parameter, die die Ursachen charakterisieren, durch die Daten allein noch völlig unbestimmt sind, solange noch keine Annahmen über das Modell getroffen worden sind. Eine inverse Aufgabe läßt sich nur im Rahmen eines geeignet gewählten, mehr oder weniger speziellen Modells formulieren und lösen. In diesem Sinne klassifiziert Nedelkov [18] Modelle in verschiedene Stufen (Tabelle 3):

Tabelle 3 Modellstufen nach Nedelkov

1. Stufe: M_1 gegeben: $W(x, y, z, t)$
   gesucht: $U(x, y, t, t)$
   stetige Funktionen
2. Stufe: $M_2 = M_1$ + „Mangel an Information", d. h. endliche Anzahl von Meßwerten und Parametern des Modells
3. Stufe: $M_3 = M_2$ + wahrscheinlichkeitstheoretische Betrachtungen über Modellparameter .....
4. Stufe: $M_4 = (M_2$ oder $M_3)$ + zusätzliche Informationen (wichtig für geophysikalische Aufgaben)

Es ist hinlänglich bekannt, daß inverse Aufgaben fast immer *unkorrekt gestellt* sind, — d. h. mindestens eine der 3 Bedingungen der Korrektheit ist verletzt. Am bekanntesten dürfte wohl die Nichteindeutigkeit der inversen Aufgaben der Potentialtheorie sein, bei denen aus den Werten der Potentialfunktionen oder ihren Ableitungen im Außenraum die Quellen (Dichtefunktion) im Innern eines Gebietes bestimmt werden sollen. Anger [2] weist darauf hin, daß nur gewisse „extremale Maße" der Dichte-Funktion bestimmt werden können, detailliertere Angaben können nur mit Hilfe zusätzlicher Informationen gewonnen werden.

Es gibt interessante Untersuchungen über den Beweis der *Nichteindeutigkeit* inverser Aufgaben, erinnert sei an dieser Stelle an eine Methode von Buchheim [6] zur Konstruktion eines „Nullaffektes", d. h. einer nicht-trivialen Lösung der homogenen (Operator-)Gleichung der direkten Aufgabe. — Außerdem ist oft die Stabilität der Lösung inverser Aufgaben nicht gegeben. Neben prinzipiellen Ursachen der Nichteindeutigkeit und Instabilität sind dafür auch gewisse Defekte an den Meßdaten verantwortlich [21]:

Defekte an den Meßdaten:

a) Zufällige und systematische Fehler

b) Insuffizient der Daten (zu wenig!)
c) Inkonsistenz der Daten mit Modell

Zur Überwindung dieser Probleme führte Tichonov [27] den Begriff der „*bedingt korrekt gestellten Aufgaben*" ein. Hier wird durch zusätzliche Bedingungen an die Aufgabenstellung oder an die Lösung auf Grund zusätzlicher Informationen die Korrektheit (Existenz, Eindeutigkeit, Stabilität) erzwungen. Dabei wird die Menge der Lösungsfunktionen eingeschränkt auf eine Teilmenge der Funktionenmenge, die als Quellen bei direkten Aufgaben durchaus (auch vom physikalischen Gesichtspunkt her, nicht aber vom geologischen Standpunkt) zulässig ist.

In diesem Sinne charakterisiert Tarantola [25] die inversen Aufgaben als ein Problem der Kombination von Informationen, und zwar von

- experimentellen Daten (Meßwerten),
- a-priori-Informationen über Modellparameter und
- theoretischen Informationen (Naturgesetze).

Die Methoden zur Inversion bedingt korrekt gestellter Aufgaben lassen sich in zwei Gruppen einteilen:

A) Methoden der „direkten" Inversionen
B) Methoden der optimalen Modellanpassung.

Im folgenden sollen zu beiden einige ausgewählte Beispiele angeführt werden.

Von der Einschränkung der Lösungsmenge wurde bereits bei dem berühmten klassischen Verfahren zur Geschwindigkeitsbestimmung seismischer Wellen im Erdinnern von Herglotz 1907 in drastischer Weise Gebrauch gemacht, indem nur solche Geschwindigkeitsfunktionen $c(r)$ zugelassen wurden [12], die nur vom Abstand r vom Erdmittelpunkt abhängen. Diese Methode beruht auf der expliziten Lösung einer Abelschen Integralgleichung und wird bekanntlich erfolgreich angewandt. Besonderes Interesse findet seit langem die widerstandsgeoelektrischen Tiefensondierungen. Diese Methode zeichnet sich durch geringen apparativen Aufwand und durch ein einfaches überschaubares Meßprinzip aus. Es handelt sich bekanntlich um Messungen von elektrischen Spannungsdifferenzen mittels einer Vier-Elektrodenanordnung bei künstlicher Strom-Einspeisung, die Veränderung der Tiefenreichweite wird durch Vergrößerung der Elektrodenabstände realisiert. Nach der praktischen Einführung um 1916 durch Wenner [32] gelang Hummel 1929 die Berechnung von Modellkurven des scheinbaren spezifischen Widerstandes [13] nach der Spiegelpunktmethode und Stefanescu & Schlumberger 1930 mittels einer Integraldarstellung. Damit war durch die Lösung der direkten Aufgabe die Grundlage zur Behandlung des inversen Problems gelegt. Langer [16] versuchte die Integraldarstellung direkt zu invertieren und aus der Potentialverteilung an der Oberfläche die Tiefenfunktion des spezifischen elektrischen Widerstandes $\varrho(z)$ zu gewinnen. Praktische Anwendungen gelangen nicht. Nachdem Tichonov [26] die Eindeutigkeit dieser inversen Aufgabe bewiesen hatte, legte Buchheim [5] eine neue Lösungsmethode dieser Integralgleichung vor, weitere Untersuchungen folgten von Belluigi [4] und Oparin [19] bis schließlich Coen und

Yu [7] nachwiesen, daß die praktische Anwendung an der oben genannten „Insuffizienz der Daten“ scheitert.

Das oben genannte Stefanescu-Integral war Ausgangspunkt zu der von Schlumberger und Maillet 1937 entwickelten Auswertemethode mittels Hilfskurven, die zu hoher Perfektion geführt wurde. Gleichzeitig liefen Bemühungen zur Vereinfachung der Lösung der direkten Aufgabe, zu nennen sind die von Maillet [17] beschriebenen Dar Zarrouk-Kurven, das Berechnungsverfahren von Flathe [8] und die Zurückführung der Integraldarstellung auf ein Faltungsintegral [10], was die Anwendung von Filterkoeffizienten zur Berechnung scheinbar spezifischen Widerstandes ermöglichte. Nachdem die Methode der kleinsten Quadrate bereits von verschiedenen Autoren [15, 30, u.a.] zur Lösung der inversen Aufgabe der Widerstandsgeoelektrik benutzt wurde, kombinierte Weller [31] diese mit der Filtermethode und stellte ein Programm zur optimalen Parameterbestimmung (Schichtmächtigkeiten und -widerstände) auf, welche besonderen Anforderungen der geophysikalischen Meßpraxis genügt. Insbesondere können dabei willkürliche vorgebbare Modellparameter (z. B. einzelne Schichtmächtigkeiten und/oder -widerstände) fest vorgegeben werden und nur die übrigen durch Kurvenanpassung bestimmt werden. Dieses Programm wurde u.a. im VEB Geophysik zur Lösung zahlreicher Aufgaben angewandt. Abbildung 1 zeigt dazu ein Beispiel

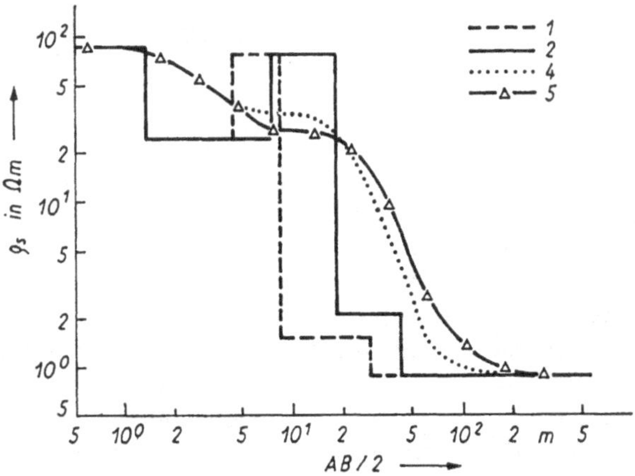

Abb. 1

Die Nichtlinearität dieses inversen Problems führt zu numerischen Komplikationen bei der Anwendung der Methode der kleinsten Quadrate zum einen dadurch, daß das zu minimierende Funktional mehrere Minima besitzt und es noch kein numerisches Verfahren zum Auffinden des „besten Minimums“ gibt und zum anderen dadurch, daß sich die Minima als langgestreckte Täler („Dachrinneneffekt“) präsentieren. Parker [20] gelang es, das nichtlineare Problem des geoelektrischen Mehrschichtenfalles zu transformieren in eine lineare Superposition von Zweischichtenfällen. Eine typische Verfahrensweise bei der Entwicklung von Lösungsmethoden für inverse Aufgaben ist deren Erprobung an theoretisch vorgegebenen Modellen. Abbildung 2 zeigt dazu ein Beispiel, links unter Zugrundelegung unterschiedlicher Schichtaufteilung, rechts in Kombination mit der später zu erläuternden Regularisierungsmethode. Bemerkenswert ist das von Parker [20] genannte Paradoxon, wonach für jede experimentell bestimmte Kurve des scheinbaren spezifischen Widerstandes eine beliebig dünne Zone der Widerstandsvariation unmittelbar an der Erdoberfläche angegeben werden kann, so daß allein aus widerstandsgeoelektrischen Messungen keine eindeutigen Tiefenangaben gemacht werden können. Aus diesem Grunde und weil nicht die Möglichkeit des Festhaltens einzelner Modellparameter besteht, dürfte sich diese Methode trotz mathematischer Eleganz in der Praxis wohl kaum durchsetzen.

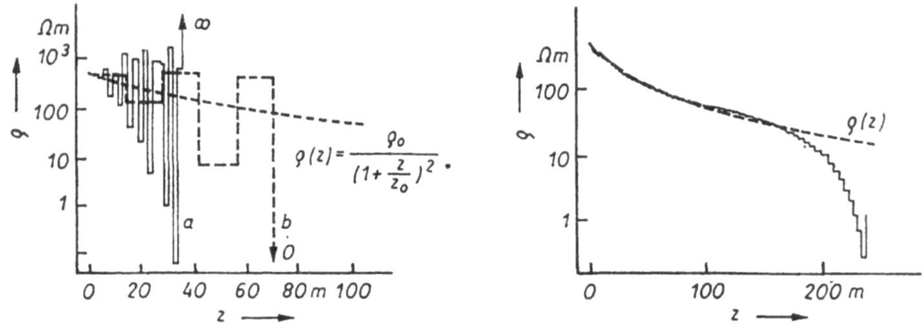

Abb. 2

Die Methoden der optimalen Modellanpassung wurden zuerst in der Gravimetrie und Magnetik entwickelt und am häufigsten angewandt. Das Ziel besteht darin, ein geeignetes Modell der geologischen Struktur durch Variation der das Modell charakterisierenden Parameter so zu variieren, daß die berechnete Modellanomalie $\boldsymbol{b}$ optimal an die gemessene Anomalie $\boldsymbol{w}$ angepaßt wird. Im Sinne von (1) und (3) bedeuten die Modellparameter die „Ursache" der Anomalie, dargestellt durch den Parametervektor (3). Oft werden als Modellparameter die Koordinaten geometrisch einfacher Körper verwendet, die als Modell geologischer Strukturen dienen. Als Modell geologischer Strukturen werden oft geometrisch einfache Körper (oder Kombinationen solcher) verwendet, die Modellparameter sind dann meist die Koordinaten bzw. Abmessungen ihrer Ecken, Kanten o. ä.

In gleicher Weise wie der Vektor der Meßwerte (4) werden die in den entsprechenden Punkten berechneten Werte der Modellanomalie einem Vektor

$$(b_1, b_2, \ldots, b_m) = \boldsymbol{b}(\boldsymbol{x}, \boldsymbol{p}) \tag{5}$$

zugeordnet, der sowohl von den Koordinaten der Meßpunkte (zusammengefaßt im Vektor $\boldsymbol{x}$) als auch von dem Parametervektor $\boldsymbol{p}$ abhängt. Die Abweichung der Vektoren $\boldsymbol{w}$ und $\boldsymbol{b}$ voneinander drücken die Fehlanpassung der Modellanomalie gegenüber der gemessenen Anomalie aus. Am weitesten verbreitet ist die Minimierung der L_2-Norm der Differenz $\boldsymbol{b} - \boldsymbol{w}$

$$F(\boldsymbol{p}) = \| \boldsymbol{b} - \boldsymbol{w} \|_{L_2} \rightarrow \text{Min} \tag{6}$$

bzw.

$$\frac{\partial F}{\partial p_j} = 0, \quad j = 1, \ldots, n \tag{7}$$

als Optimierungskriterium. In der praktischen Anwendung haben sich jedoch sehr bald erhebliche numerische Schwierigkeiten ergeben, die letztlich ihre Ursache in der Inkorrektheit der Aufgabenstellung haben und zu numerischen Instabilitäten führen. Allgemein führt (7) wegen der Nichtlinearität der Operatorgleichung (1) auf ein nichtlineares Gleichungssystem. Es gibt jedoch noch keine sichere Methode, den kleinsten Wert eines beliebigen nichtlinearen Funktionals zu finden [19].

Eine Linearisierung der Operatorgleichung (1) durch Entwicklung in eine Taylor-Reihe in der Umgebung einer geeignet gewählten Anfangsnäherung des Parametervektors $\boldsymbol{p}$ und Beschränkung auf hinreichend kleine Änderungen führt auf ein lineares Gleichungssystem. Dieses ist meist schlecht konditioniert (es treten Konditionszahlen von 10^7 und darüber auf). Außerdem treten mehrere Minima von (7) als langgestreckte Täler mit flacher Sohle auf [1], worin sich die Mehrdeutigkeit und Instabilität äußert.

Von mehreren Autoren (Levenberg, Marquardt u. a.) wurde unabhängig voneinander durch Vergrößerung der Hauptdiagonalelemente der Koeffizientenmatrix die Kondition des Gleichungssystems verbessert und eine numerisch stabile Lösung erzwungen. Diese Methoden sind Spezialfälle der von Tichonov [27] mathematisch begründeten Regularisierungsmethode, bei der das Funktional (6) durch ein „regularisierendes“ oder „glättendes“ Funktional $\Omega(\boldsymbol{p}) \geq 0$ erweitert wird zu

$$\tilde{F}(\boldsymbol{p}, \alpha) = F(\boldsymbol{p}) + \alpha\Omega(\boldsymbol{p}) \tag{8}$$

Dabei ist $\alpha > 0$ und wird im Laufe eines Iterationsprozesses verkleinert, bis ein optimales Resultat erzielt wird [9, 27, 28, 29]. Zur numerischen Bearbeitung setzt sich immer mehr die Eigenwertzerlegung der Koeffizienten-Matrix der linearisierten Operatorgleichung (1) durch [11, 29, 31].

Das Ergebnis einer solchen Bearbeitung zeigt Abbildung 3. Von der gravimetrischen Anomalie wurden längs eines 75 km langen Profils 51 Meßwerte (Kurve 2) verwendet [29]. Die Anomalie beginnt bei etwa 10 km und ist durchweg negativ, was auf eine negative Dichtedifferenz im Untergrund hinweist, am Profilende (von 64 km bis 75 km) steigt die Meßkurve sehr schnell.

Nach Kenntnissen der geologischen Situation dieses Profils und ausgehend von der Meßkurve kann angenommen werden, daß ein Ensemble prismatischer Gesteinsblöcke mit zwei unterschiedlichen Dichten die Ursache der Anomalie ist. Der schnelle Anstieg der Meßkurve am Profilende wird durch einen Gesteinsblock mit positiver Dichtedifferenz zur Umgebung ($\varrho = 0{,}1 \text{ g} \cdot \text{cm}^{-3}$) hervorgerufen. Für den anderen Teil der Meßkurve soll ein anderer Block mit negativer Dichte ($\varrho = -0{,}2 \text{ g} \cdot \text{cm}^{-3}$) als Ursache festgelegt werden. Nach diesen Annahmen werden die Störkörper wie im Bild 19 modelliert, wobei die Oberkanten der Störkörper in einer Teufe von 100 m und die linke Kante des ersten Blockes bei 14 km festgehalten werden. Das Startmodell (Kurve 3) enthält 17 Parameter, die in einem Iterationsprozess verändert werden, das Resultat zeigt Kurve 5.

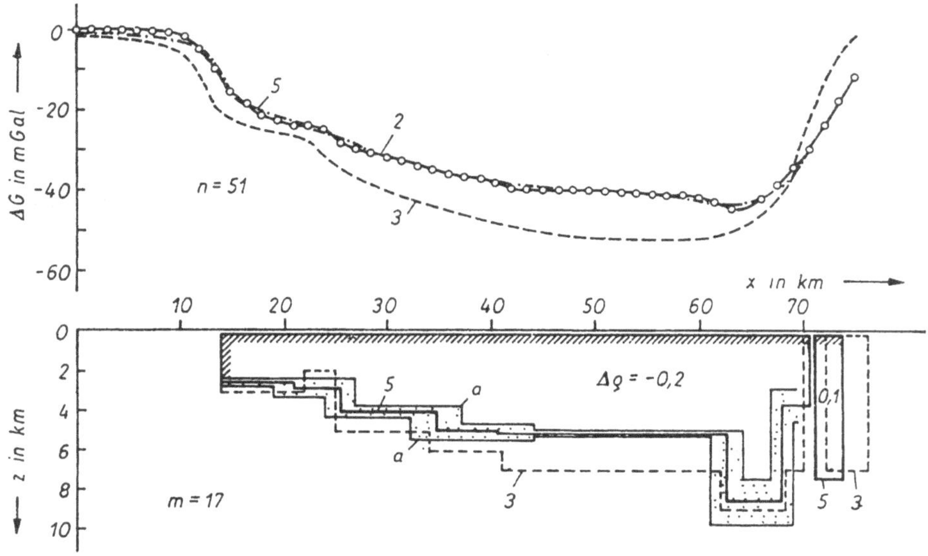

Abb. 3

Die Startmodelanomalie hat mit $F_{\text{Start}} = 2800\,(\text{m Gal})^2$ eine große Abweichung von Meßwerten. Nach 6 Iterationen sinkt diese Abweichung auf 35 $(\text{m Gal})^2$, was einem mittleren Fehler von 1 m Gal pro Meßpunkt entspricht.

Das Lösungsmodell im Bereich von 0 km bis 60 km ist besser als das am Profilende, wo die Meßwerte nicht charakteristisch genug für die Bestimmung der Störquelle in diesem Bereich sind.

Die Parameter des Lösungsmodells schwanken in dem punktiert dargestellten Fehlerband.

Zu den inversen Aufgaben der Geophysik sind auch die Aufgaben der Feldfortsetzung nach unten in der Gravimetrie, Magnetik und Geothermie zu rechnen — sie dienen als Hilfsmittel der Interpretation der Messungen zur Identifizierung der Quellen der Anomaliefelder. In der Gravimetrie handelt es sich um die Berechnung der Schwereanomalie $g(x, y, z)$ in der Tiefe $z = t$ aus der an der Oberfläche $z = 0$ gemessenen Anomalie $g(x, y, o)$ unter der Annahme der Quellenfreiheit bis zur Tiefe t. Zwischen beiden besteht die Beziehung

$$\frac{1}{2\pi} \iint\limits_{-\infty}^{\infty} \frac{t\, g(\xi, \eta, t)\, d\xi d\eta}{[(x-\xi)^2 + (y-\eta)^2 + t^2]^{3/2}} = g(x, y, o) \tag{9}$$

als spezielle Form der Operatorgleichung (1). Offensichtlich tritt an die Stelle der Ursachen die Schwere in der Tiefe $z = t$.

Die Aufgaben der Feldfortsetzung nach unten sind empfindlich gegenüber zufälligen Meßfehlern, da diese u. U. so sehr verstärkt werden, daß ein unbrauchbares Resultat entsteht. Hier machen sich Instabilitäten des Lösungsalgorithmus bemerkbar, die jedoch durch eine Regularisierung mittels eines glättenden Funktionals weitgehend unterdrückt werden können. In abkürzender Darstellung ist das Funktional

$$\tilde{F}(g(t), \alpha) = \| A(g(t)) - g_\delta(o) \|^2 + \alpha \Omega(g(t)) \to \text{Min} \tag{10}$$

zu minimieren, wobei bedeuten

$g_\delta(o)$ — die mit einem Fehler δ behafteten Meßwerte an der Erdoberfläche

$g(t)$ — die Schwereanomalie in der Tiefe t

A — den durch (9) repräsentierten Integraloperator

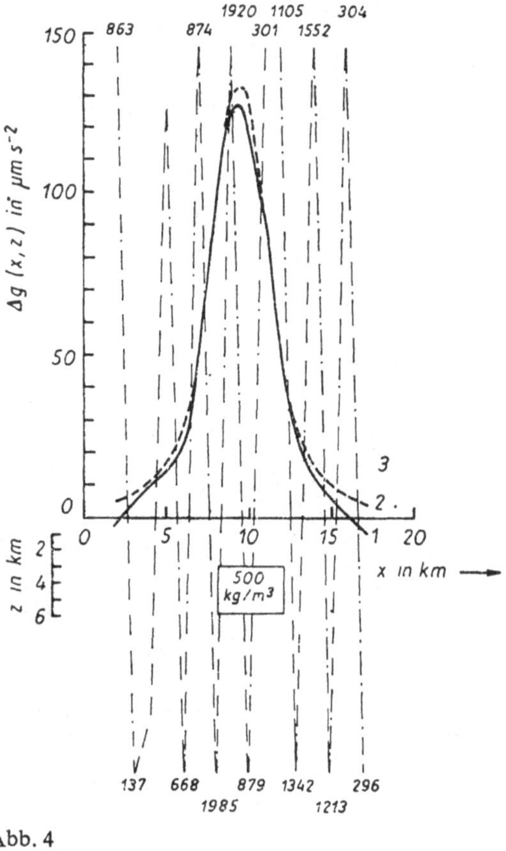

Abb. 4

Aus (11) folgt durch Differentiation

$$A^*A\, g(t) + \frac{1}{2}\, \alpha \Omega'(g(t)) = A^*\, g_\delta(o) \tag{11}$$

Da die rechte Seite von (9) ein zweifaches Faltungsintegral darstellt, empfiehlt sich die Anwendung der zweidimensionalen Fourier-Transformation und aus (11) entsteht

$$|\, K(u, v)\,|^2\, G_t(u, v) + \alpha\, M(u, v)\, G_t(u, v) = K(u, v)\, G_{0,\delta}(u, v) \tag{12}$$

wobei

$$K(u, v) = \frac{t}{2\pi} \iint\limits_{-\infty}^{\infty} \frac{-i(ux + vy)}{[x^2 + y^2 + t^2]^{3/2}}\, dx\, dy \tag{13}$$

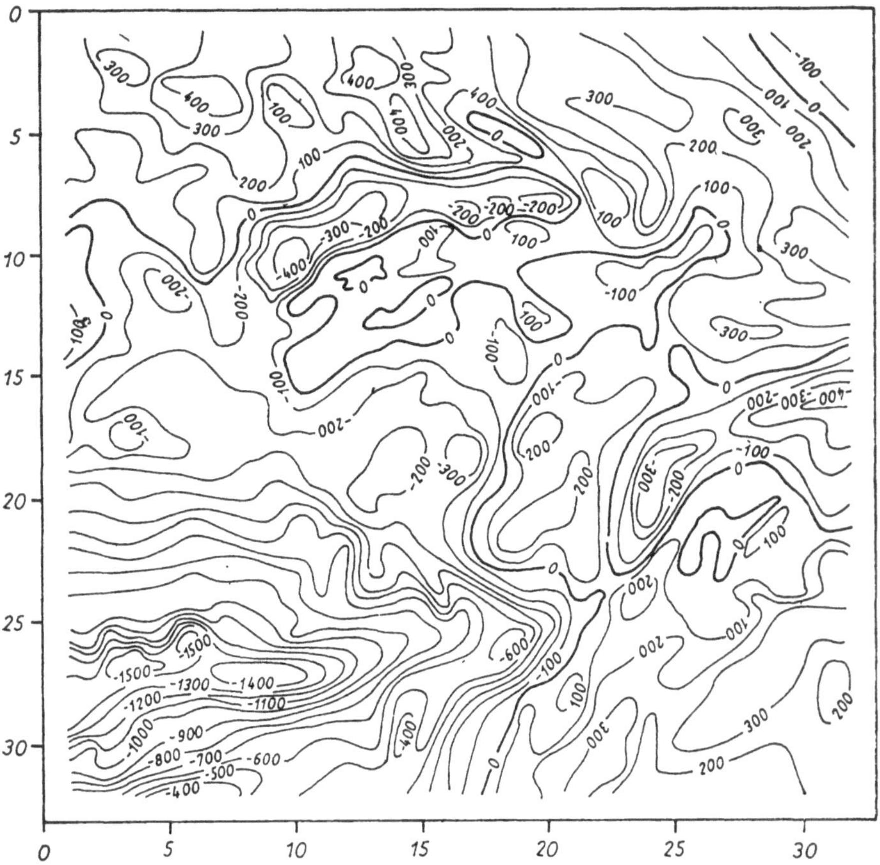

0 100 km $\Delta g\,(x, y, z)$ in $\mu m\ s^{-2}$

Isoanomaliendarstellung der Ausgangsdaten

Abb. 5 ·

die FOURIER-Transformierte des Kerns von (9) und $M(u, v)$ diejenige der Ableitung eines geeignet gewählten Funktionals bedeutet. Mit einem geeignet gewählten Parameter α erhält man aus (13) $G_t(u, v)$ und mittels der FOURIER-Rücktransformation

$$g(x, y, t) = \frac{1}{(2\pi)^2} \int\int_{-\infty}^{\infty} G_t(u, v)\, e^{i(ux+vy)}\, du dv \tag{14}$$

die Schwereanomalie in der Tiefe $z = t$. Eine typische Verfahrensweise bei der Entwicklung von Lösungsmethoden für inverse Aufgaben ist die Rekonstruktion theoretischer Modelle. So zeigt Abbildung 4 die Feldfortsetzung einer für einen quaderförmigen Modellkörper berechneten Schwereanomalie nach unten, der ein zufälliger Fehler von 2% ihres Maximalwertes überlagert wurde [28]. Den in einem Niveau

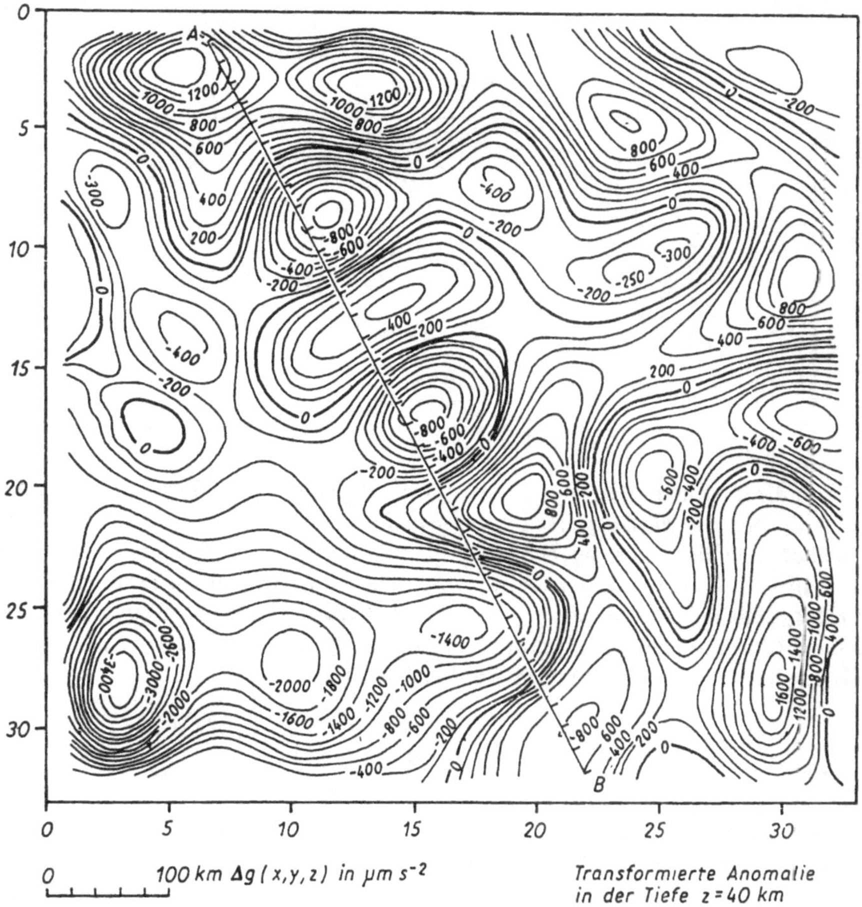

Abb. 6

zwischen Erdoberfläche und Oberkante des Quaders direkt berechneten Feldverlauf zeigt Kurve 1, das nach unten fortgesetzte Feld mit Regularisierung zeigt Kurve 2 und ohne Regularisierung Kurve 3. Die stabilisierende Wirkung der Regularisierung ist offensichtlich.

Die Bearbeitung der BOUGUER-Schwereanomalie (Abbildung 5) eines etwa $640 \times 640\,km^2$ großen Gebietes Mitteleuropas[4] mit 20 km Punktabstand ergab in 40 km Tiefe die in Abbildung 6 dargestellte Schwereanomalie.

Bekanntlich kann eine Schwereanomalie in eine Flächendichte umgerechnet werden und diese — bei vorgegebener Dichtedifferenz — in Schwankungen des Reliefs einer Grenzfläche. Es wurde der Versuch unternommen, auf diese Weise längs des Internationalen tiefenseismischen Profils VI (vom SW der DDR über ČSSR nach Ungarn) das Relief der MOHOROVIČIČ-Diskontinuität zu berechnen. Das Ergebnis und die Resultate der seismischen Bestimmung der gleichen Grenzflächen zeigt die Abbildung 7 [28].

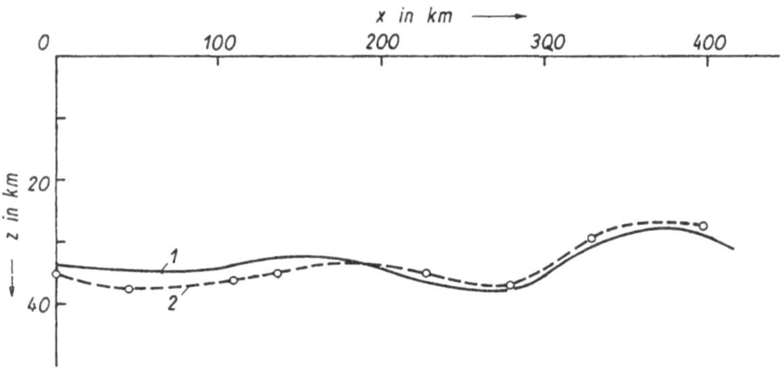

Abb. 7

Über die genannten Beispiele hinaus gibt es zahlreiche weitere Bearbeitungen inverser Aufgaben in der Geophysik, bei denen in ähnlicher Weise vorgegangen wird. Erwähnt seien die Bohrlochgeophysik bei der Bestimmung von Gehalten radioaktiver Substanzen [22], die Reflexionsseismik (Deconvolution, Migration, Bestimmung von Schichtgeschwindigkeiten usw.), elektromagnetische Sondierungen und Magnetotellurik (Bestimmung der Struktur der Erdkruste), Bestimmung von Temperaturprofilen aus Strahlungsmessungen von Satelliten aus u.v.a.

Literatur

[1] Al-Chalabi, M.: Interpretation of two-dimensional magnetic profiles by non-linear optimisation. Bull. di Geofis. Teor. e Appl., Trieste, **12**, 1970, 3—20.

[4] Die Schwerewerte wurden einer Veröffentlichung von Ibrmajer [14] entnommen.

[2] Anger, G.: Die Rolle der modernen Potentialtheorie in der Theorie der inversen Aufgabenstellungen. Gerlands Beiträge zur Geophysik **85**, 1976, 1–20.

[3] Backus, G. E.; Gilbert, F.: Uniqueness in the inversion of inaccurate gross earth data. Phil. Trans. Roy. Soc. London A **266**, 1970, 123–192.

[4] Belluigi, A.; Maaz, R.: Die Methode Stevenson zur Ermittlung der elektrischen Leitfähigkeit. Gerlands Beitr. z. Geophysik **65**, 1956, 263–272.

[5] Buchheim, W.: Über die Auswertung geoelektrischer Tiefensondierungen nach einer Integralgleichungsmethode. Wiss. Zeitschr. TH Dresden **2**, 1952/53, 337–341.

[6] Buchheim, W.: Zur geophysikalischen Inversionsproblematik. Veröff. d. Zentr. Inst. f. Physik d. Erde. AdW der DDR, Potsdam 1975, Nr. 31, Teil 2, 305–310.

[7] Coen, S.; Yu, M. W. H.: The inverse Problem of direct current conductivity profile of a layered earth. Geophysics **46**, 1981, 1702–1713.

[8] Flathe, H.: A practical method of calculating geoelectrical model graphs for horizontally stratified media. Geophysical Prospecting **3**, 1955, 268.

[9] Friedrich, V.; Hofmann, B.; Tautenhahn, U.: Möglichkeiten der Regularisierung bei der Auswertung von Meßdaten. Wiss. Schriftenreihe der TH Karl-Marx-Stadt, 1979.

[10] Ghosh, D. P.: Inverse Filter Coefficients for the Computation ... Geophysical Prospecting **19**, 1971, 769–775.

[11] Golub, G. H.; Reinsch, C.: Singular value deconposition and least squares solution. Numer. Math. **14**, 1970, 403–420.

[12] Herglotz, G.: Über das Benndorfsche Problem der Fortpflanzungsgeschwindigkeit der Erdbebenstrahlen. Phys. Zeitschrift 8, 1907, 145–147.

[13] Hummel, N. J.: Der scheinbare spezifische Widerstand. Z. Geophysik **5**, 1929, 89 und 228.

[14] Ibrmajer, J.: Geological interpretation of gravity maps of Czechoslovakia in "Geophysical Synthesis in Czechoslovakia". Bratislava 1981, 135–148.

[15] Inman, J. R.: Resistivity inversion with ridge regression. Geophysics **40**, 1975, 798.

[16] Langer, R. E.: An inverse problem in differential equations. Bull. Am. Math. Soc. **39**, 1933, 814–822.

[17] Maillet, R.: The fundamental Equation of electrical prospecting. Geophysics **12**, 1947, 529.

[18] Nedelkov, I.: Gastvorlesungen an der Bergakademie Freiberg: Anwendungen der Regularisierungsmethode in der Geophysik, 1977.

[19] Oparin: Umgekehrte Aufgabe der geoelektrischen Tiefensondierung (russ.). Geol. i Geofiz., Novosibirsk, 6/1975, 140–144.

[20] Parker, R. L.: The inverse problem in resistivity sounding. Geophysics **49**, 1984, 2143–2158.

[21] Pedersen, B.: Wave number domain methods ... Geoexploration **17**, 1979, 205–221.

[22] Rösler, R.: Die Auswertung radiometrischer Bohrlochmessungen mit Hilfe numerischer Filterprozesse. Zeitschr. Angew. Geol. **15**, 1969, 437–439.

[23] Sollogub, V. B.; Starostenko, V. I.: Poleznoje izdanie. Geofiz. Journ. Kiev, **7**, 3/1985, 71–73.

[24] Strachov, V. N.: O prepodavanij gravi- i magnitorazvedka v vysšich učebnych zavedenijach. Fizika Zemli. Moskva, 1982, Nr. 2, 52–66.

[25] Tarantola, A.: Inverse Problems—Quest for Information. Journal of Geophys. **50**, 1982, 159–170.

[26] Tichonov, A. N.: O edinstvennosti rešenija zadači elektrorazvedki. Doklady AN SSSR **69**, 6/1949, 797.

[27] Tichonov, A. N.: Über die Lösung inkorrekt gestellter Aufgaben und die Methode der Regularisierung (russ.). Dokl. AN SSSR **151**, 3/1963, 501–504.

[28] Tran Canh: Ein Beitrag zur Fortsetzung nach unten von gravimetrischen Anomalien mittels Fourier-Transformation und Regularisierung. Dissertation 1984, Bergakademie Freiberg, Fak. für Math.-Naturw. und Freiberger Forsch.-Hefte C 405, Leipzig, 1986, 6–67.

[29] Tran Cung Mieng: Die Interpretation gravimetrischer und magnetischer Messungen unter Verwendung der Regularisierungsmethode. Freiberger Forschungs-Hefte C 369, Leipzig, 1982, 48.

[30] Vozoff, K.: Numerical resistivity analysis horizontal layers. Geophysics **23**, 1958, 536.

[31] Weller, A.; Rösler, R.: Fortschritte bei der automatischen Auswertung geoelektrischer Widerstandstiefensondierungen. Freiberger Forsch.-Hefte C 387, 1983, 61–70.

[32] Wenner, F.: A method of measuring earth resistivity. Nat. Bur. of Standards Scient. Paper **258**, 1917.

Heinz Stiller, Siegfried Franck

Zustandsgleichungen

Zur Konstruktion eines Planetenmodells braucht man drei physikalische Gesetze: Gravitationsgesetz, Zustandsgleichung und Energietransportgleichung. Unter einer Zustandsgleichung versteht man allgemein einen funktionalen Zusammenhang zwischen thermodynamischen Parametern. Die bekannteste Zustandsgleichung ist die sogenannte thermische Zustandsgleichung. Sie kann in der Form

$$f(T, V, p) = 0 \tag{1}$$

geschrieben werden. In der Geophysik und Hochdruckphysik wählt man normalerweise Volumen V und Temperatur T als unabhängige Variable:

$$p = P(V, T). \tag{2}$$

Für den Planeten Erde gelten etwa folgende Werte:

$$p \leq 350 \text{ GPa}$$

$$T \leq 6 \cdot 10^3 \text{ K}$$

$$\frac{V}{V_0} \geq 0{,}5$$

In dem hier angegebenen Bereich thermodynamischer Parameter ist die planetare Materie noch sehr kompliziert. Viele Einzelheiten der Gitterstruktur, Elektronenstruktur usw. spielen noch eine wesentliche Rolle, so daß man auf keine einfache Näherung zurückgreifen kann (siehe Abbildung 1). Mit Hilfe der Seismologie (einschließlich der Untersuchung von Eigenschwingungen) von Gravitationsuntersuchungen, des Geomagnetismus und der Geothermie gewinnt man Meßdaten an der Erdoberfläche, deren Interpretation gewisse Vorstellungen über den Ursprung dieser Phänomene im Erdinnern erfordert (inverses Problem). Selbst wenn man gleichzeitig die modernsten Ergebnisse der verschiedenen Forschungsrichtungen heranzieht, ist es keinesfalls möglich, ein eineindeutiges Bild über den Aufbau der Erde zu gewinnen. Die möglichen Tiefenverteilungen der physikalischen Parameter lassen sich jedoch stark einschränken. Sie charakterisieren ein mechanisches Erdmodell.

Die Hochdruckforschung kann wesentlich zur Erweiterung unserer Kenntnisse über das Planeteninnere beitragen, da sie Aussagen zu strukturell-stofflichen Beziehungen liefert und in gewissem Sinne eine direkte Aufgabenstellung gestattet.

Durch Zustandsgleichungen wird nun eine Beziehung zwischen mechanischen Modellen und strukturell-stofflichen Verteilungen möglich.

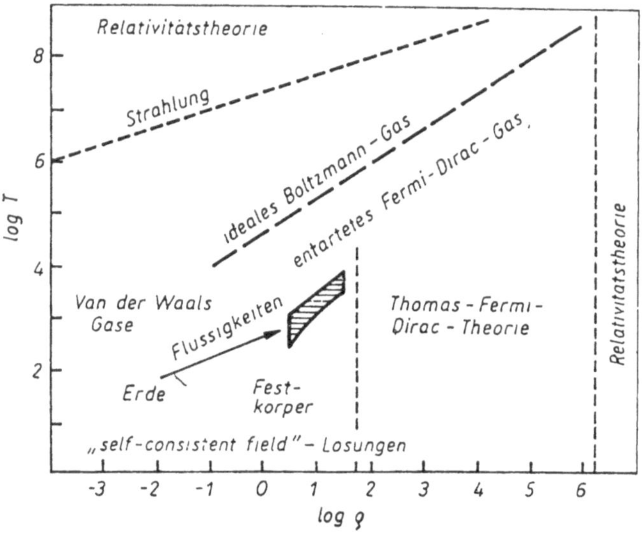

Abb. 1 Dichte-Temperatur-Diagramm mit Gültigkeitsbereichen verschiedener Näherungen nach Thomson [1]

2. Arten der Zustandsgleichungen

2.1. Allgemeines

Die freie Energie $F(T, V)$ spielt eine Schlüsselrolle in der Thermodynamik. Kennt man zum Beispiel die freie Energie eines Systems, so ergibt sich der Druck p über die Beziehung

$$p = -\left(\frac{\partial F}{\partial V}\right)_T \tag{3}$$

Es gibt nun verschiedene Möglichkeiten, Ausdrücke für die freie Energie F zu finden: phänomenologische, halbempirische und mikroskopische. Am günstigsten ist es natürlich, über ein mikroskopisches Modell die Zustandssumme $Z = Z(V, T)$ auszurechnen und daraus F über die Beziehung $F = -K_B T \ln Z$ abzuleiten. Dies ist für Gase und Einkristalle in bestimmten Näherungen noch relativ leicht möglich, ansonsten treten jedoch erhebliche mathematische Schwierigkeiten auf. Zur Beschreibung des Kompressionsverhaltens fester Körper (und auch von stark komprimierten

Flüssigkeiten) verwendet man oft eine halbempirische Potentialmethode. Dabei setzt man verschiedene Potentiale für die einzelnen Bindungsarten an.

Wird F im Rahmen der Kontinuumsmechanik berechnet, erhält man phänomenologische Zustandsgleichungen. Eine Übersicht über wichtige Zustandsgleichungen ist in Abb. 2 zusammengestellt. Durch Pfeile werden verschiedene Gleichungen miteinander in Beziehung gebracht. So hat zum Beispiel Stiller [2] gezeigt, wie man die sogenannten empirischen Zustandsgleichungen aus der mikroskopischen Theorie (Debye-Näherung) ableiten kann. Eine Ursache für ein derartiges Verhalten liegt in der Nivellierung von Materialeigenschaften unter entsprechenden Druck- und Temperaturverhältnissen.

Im folgenden werden wir einige Beispiele für die einzelnen Arten von Zustandsgleichungen vorstellen.

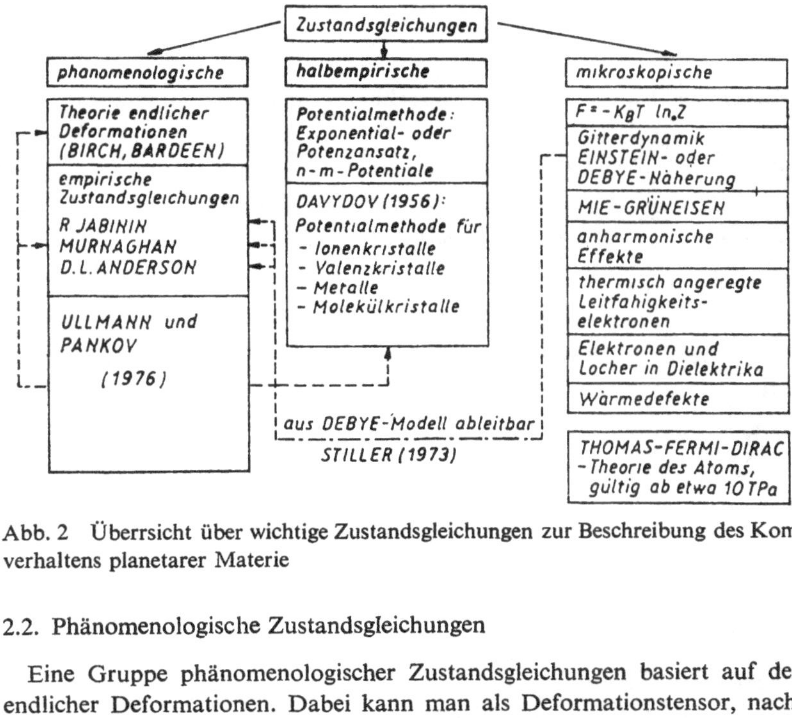

Abb. 2 Überrsicht über wichtige Zustandsgleichungen zur Beschreibung des Kompressionsverhaltens planetarer Materie

2.2. Phänomenologische Zustandsgleichungen

Eine Gruppe phänomenologischer Zustandsgleichungen basiert auf der Theorie endlicher Deformationen. Dabei kann man als Deformationstensor, nach dem die freie Energie entwickelt wird, entweder den Almansi- oder den Green-Tensor benutzen, je nachdem, ob man mit Euler'schen oder Lagrangeschen Veränderlichen arbeitet. Beispiele dafür sind die Gleichungen von Birch und Bardeen (siehe Žarkov und Kalinin [3]). Weiterhin sind noch die sogenannten „empirischen" phänomenologischen Zustandsgleichungen zu nennen. Dazu gehören die Zustandsgleichungen von Rjabinin, Murnhaghan und die seismische Zustandsgleichung von D. L. Anderson [4]. Diese Zustandsgleichung ist besonders interessant, da sie die Volumenkontraktion eines Stoffes $\left(\frac{V}{V_0}\right)$ direkt mit dem seismologisch meßbaren Verhältnis aus Kompressionsmodul und Dichte (sog. seismischer Parameter) verbindet.

Eine wichtige phänomenologische Zustandsgleichung wurde von Ullmann und Pan'kov [5] gefunden. Dabei gehen diese Autoren davon aus, daß sich die Deformationsenergie U eines Einphasensystems in guter Näherung mittels eines Ausdruckes darstellen läßt, welcher proportional zum Quadrat einer gewissen Hilfsfunktion ist. Diese Funktion hängt von der Volumenkontraktion $x = \frac{V}{V_0}$, dem Kompressionsmodul K_0 und dessen Ableitungen nach dem Druck p ab. In den meisten Fällen braucht man nur die erste Ableitung des Kompressionsmoduls K_1 zu berücksichtigen, und U läßt sich schreiben als

$$U = \frac{9}{2} \frac{K_0}{(2 - K_1)^2} \left(x^{\frac{2}{3} - \frac{1}{3}K_1} - 1\right)^2 \tag{4}$$

Mit Hilfe bekannter thermodynamischer Beziehungen findet man dann aus (4):

$$p = -\frac{3K_0}{2 - K_1} \left(x^{\frac{1}{3} - \frac{2}{3}K_1} - x^{-\frac{1}{3} - \frac{1}{3}K_1}\right) \tag{5}$$

$$K = K_0 \cdot x^{\frac{1}{3} - \frac{2}{3}K_1} + \frac{1}{3}(1 + K_1)\,p \tag{6}$$

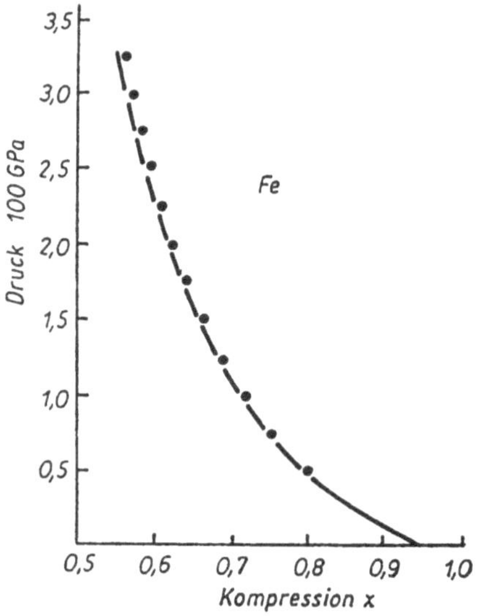

Abb. 3 Ullmann/Pan'kov-Gleichung für Eisen. Die Kreise bezeichnen Werte aus Stoßwellenexperimenten. $x = \frac{V}{V_0}$ ist die Kompression gegenüber dem Volumen bei Normaldruck V_0

Gleichung (4) wurde zur Beschreibung von nahezu allen geo- und kosmochemisch interessanten Substanzen bis zu einer Volumenkompression von etwa 0,5 verwendet. Der relative Fehler beträgt dabei zwischen 1 und 5 Prozent. In Abbildung 3 ist das Kompressionsverhalten von Eisen dargestellt.

Eine sehr interessante phänomenologische Zustandsgleichung wurde von Schmidt [6] entwickelt. Dabei wird eine inverse Beziehung formuliert, d.h. der Druck wird als unabhängige Variable betrachtet. Die berechneten Werte für $\frac{V}{V_0}$ als Funktion von p stimmen bis zu Drücken im Bereich von 1 TPa gut mit vorhandenen Daten für Metalle, Ionen- und Molekülkristalle überein.

2.3. Halbempirische Zustandsgleichungen

Die halbempirische Potentialmethode für die Beschreibung des Kompressionsverhaltens der verschiedenen Arten von Festkörpern wurde von Davydov [7] entwickelt. Die Grundlage dieser Methode bilden Zweiteilchenpotentiale, die jeweils in einen anziehenden und in einen abstoßenden Anteil zerlegt werden. Der abstoßende Teil hat bei allen Bindungsarten die gleiche Form. Die Abstoßung nimmt mit Verringerung des abstandes r wie exp $(-r)$ zu. Die Ursachen für dieses Verhalten sind quantenmechanischer Art.

Die Anziehung resultiert in Ionenkristallen aus der Coulomb-Wechselwirkung, während Molekularkristalle durch van der Waals-Kräfte zusammengehalten werden. Bei der metallischen Bindung kommt die Anziehung sowohl von der Coulomb-Wechselwirkung zwischen Ionen und Leitfähigkeitselektronen als auch von der Austauschwechselwirkung der Leitfähigkeitselektronen untereinander. Die Anziehung in kovalent gebundenen Kristallen (Valenzkristallen) läßt sich durch einen Ausdruck der Form $-\frac{1}{r}\exp(-r)$ beschreiben.

Durch Ableitung dieser verschiedenen Potentiale nach dem Volumen erhält man Formeln für den Nulltemperaturdruck in Ionenkristallen, Valenzkristallen, Molekularkristallen und Metallen.

Eine interessante Anwendung der Potentialmethode wurde von Wagner, Ullmann und Heinrich [8] diskutiert: Durch Anpassung seismischer Meßwerte an die entsprechenden Zustandsgleichungen wurde versucht, den Übergangsbereich zwischen ionarer und kovalenter Bindung im Erdmantel zu bestimmen.

2.4. Mikroskopische Zustandsgleichungen

Die wichtigsten mikroskopischen Zustandsgleichungen für die Physik des Erdinnern sind solche, die auf der Gitterdynamik beruhen. Dazu betrachten wir einen Festkörper aus N Elementarzellen mit je s Atomen. Die Atome führen kleine Schwingungen um ihre Gleichgewichtslagen aus. Wenn man Normalkoordinaten einführt, dann ist dieser Festkörper einem System von 3Ns unabhängigen Oszillatoren äquivalent. Die freie Energie F des gesamten Festkörpers läßt sich als Summe aus einem Anteil F_0, der nur vom Volumen abhängt, und dem Beitrag aller Oszillatoren darstellen (Zarkov u. Kalinin [3]):

$$F = F_0 + \frac{1}{2} \sum_{\alpha=1}^{3Ns} \hbar\omega_\alpha + K_B T \sum_{\alpha=1}^{3Ns} \ln\left[1 - \exp\left(-\hbar\omega_\alpha / K_B T\right)\right] \tag{7}$$

Die hier verwendete Näherung wird als quasiharmonisch bezeichnet, weil die anharmonischen Effekte dadurch berücksichtigt werden, daß die Frequenzen ω_α volumenabhängig sind. Bei einem makroskopischen Körper liegen die einzelnen Frequenzen ω_α so dicht beieinander, daß man von der Summation zur Integration über die Frequenzen ω übergehen kann:

$$F = F_0 + \int_0^\infty \left\{\frac{1}{2} \hbar\omega + K_B T \ln[1 - \exp(-\hbar\omega / K_B T)]\right\} Z(\omega)\, d\omega \tag{8}$$

Dabei wurde die Spektraldichte $Z(\omega)$ eingeführt. Die Eigenschaften eines Festkörpers hängen in starkem Maße vom Verlauf der Funktion $Z(\omega)$ ab. Die genaue analytische Berechnung der Spektraldichte ist jedoch nicht möglich, so daß man auf verschiedene Näherungen angewiesen ist:

Einstein-Modell: $$Z(\omega) = 3\ \text{Ns}\ \delta(\omega - \omega_E) \tag{9}$$

Debye-Modell: $$Z(\omega) = \begin{cases} 9\ \text{Ns} \dfrac{\omega^2}{\omega_D^3} & \text{bei } 0 \leq \omega \leq \omega_D \\ 0 & \text{bei } \omega > \omega_D \end{cases} \tag{10}$$

Setzt man (9) oder (10) in (8) ein, so erhält man nach Ausführung der Integration und Ableitung nach dem Volumen eine Zustandsgleichung in der Näherung von Mie und Grüneisen:

$$p(V, T) = p(V, O) + \gamma \frac{E_{\text{vib}}}{V} \tag{11}$$

Der erste Summand in (11) heißt Nulltemperatur- oder Potentialdruck. Der zweite Summand aus Grüneisen-Parameter γ, Schwingungsenergie E_{vib} und Volumen V beschreibt den Wärmedruck.

$$\gamma = -\frac{\partial \ln \omega}{\partial \ln V} \tag{12}$$

Auf ähnliche Weise wie in (11) und (12) lassen sich auch die Beiträge von anharmonischen Schwingungen, thermisch angeregten Leitfähigkeitselektronen in Metallen und Elektronen und Löchern in Dielektrika berücksichtigen (siehe Zarkov und Kalinin [3]).

Eine spezielle mikroskopische Zustandsgleichung für Übergangsmetalle wurde von Walzer [9] vorgeschlagen. Dabei wird die Theorie der fast freien Elektronen mit der der *d*-Bandspreizung und der Hybridisation verbunden und weiterentwickelt. Für die meisten Übergangsmetalle, insbesondere auch für Eisen, werden die Meßwerte sehr gut approximiert.

3. *Zustandsgleichung und Phasenübergang*

Die hier vorgestellten Festkörpermodelle von Einstein und Debye, einschließlich der daraus abgeleiteten Zustandsgleichungen, gelten nur in solchen Druck- und Temperaturbereichen, in denen keine Phasenumwandlungen stattfinden. In der Theorie der Phasenübergänge konnten in den vergangenen Jahren große Fortschritte erzielt werden. Das von Cochran [10] eingeführte Konzept einer weichen Mode trug wesentlich zum Verständnis des mikroskopischen Mechanismus von strukturellen Phasenübergängen bei. Die wichtigsten Vorstellungen dieses Modells lassen sich folgendermaßen charakterisieren: In der Nähe eines strukturellen Phasenübergangs werden die gitterdynamischen Eigenschaften des Festkörpers im wesentlichen nur noch durch eine einzige Mode aus dem gesamten Frequenzspektrum bestimmt. Diese wird als „weiche Mode“ bezeichnet, weil ihre Frequenz am Phasenübergang verschwindet. Der entsprechende Eigenvektor bleibt endlich und bestimmt die neue Struktur.

Die quantitative Untersuchung durch Stiller und Franck [11] lieferte folgenden Ausdruck für die Frequenz der weichen Mode eines von V_0 auf V komprimierten Festkörpers:

$$\Omega \propto \sqrt{\frac{V - V_c}{V_0}} \tag{13}$$

Dabei ist V_c das kritische Volumen, bei dem die Phasenumwandlung stattfindet. Das Verhalten des Grüneisen-Parameters γ wird am Phasenübergang von dem Anteil der weichen Mode bestimmt, so daß γ proportional zu $-V/(V - V_c)$ divergiert. Wenn man die hier dargelegten Vorstellungen auf die Mie-Grüneisen-Zustandsgleichung (11) anwendet, erhält man eine Gleichung, die sowohl in der Hoch- und Niederdruckphase als auch direkt am Phasenübergang Aussagen liefert (siehe Abb. 4). Die auf Abbildung 4 dargestellte Zustandsgleichung hat große Ähnlichkeit mit der van der Waals-Gleichung. Aus diesem Grunde wurde auch die sogenannte Maxwell-Konstruktion eingezeichnet, welche angibt, auf welcher Bahn im $p(V)$-Diagramm ein System den Instabilitätsbereich durchläuft (Franck u. Stiller [12]). Eine Anwendung der hier behandelten Effekte auf Phasenübergänge im Erdmantel wurde von Franck [13] diskutiert. Dabei wurde im Rahmen bestimmter Näherungen der Bereich $2\Delta R$

abgeschätzt, in dem der Grüneisen-Parameter in der Nähe einer Phasengrenze verschwindet. Für verschiedene Tiefen, in den Phasenübergänge erwartet werden, wurden dabei folgende Werte berechnet:

Tiefe (km)	$2\Delta R$ (km)
120	0,4
420	0,6
670	0,9

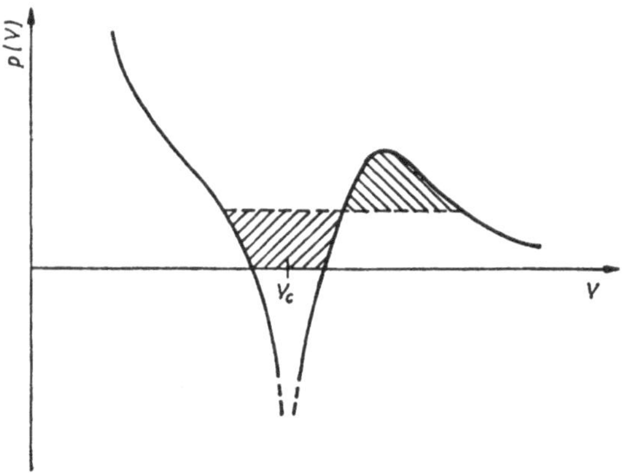

Abb. 4 Zustandsgleichung am Phasenübergang. Die gestrichelte Linie ist die sogenannte Maxwell-Konstruktion, die so gelegt ist, daß die beiden schraffierten Flächen gleich groß sind

Es zeigt sich, daß der Bereich, in dem der Grüneisen-Parameter verschwindet, so klein ist, daß es kaum möglich sein sollte, diesen Effekt in der Erde nachzuweisen. Auf diese Weise ist es vollkommen verständlich, warum die aus seismologischen oder Eigenschwingungsdaten berechnete Tiefenfunktion des Grüneisen-Parameters keinen Einfluß von Phasenübergängen zeigt, da die entsprechenden Wellenlängen viel zu groß sind. Außerdem zeigt die durchgeführte Abschätzung, daß auch eventuelle Sprünge des Grüneisen-Parameters an Phasengrenzen infolge unserer groben Kenntnis der geophysikalischen Parameter stark „verschmiert" werden.

Literatur

[1] Thomson, L., in: Proceedings of the International School of Physics "Enrico Fermi', ed. by J. Coulomb and M. Caputo, Academic Press, New York and London, 1971.

[2] Stiller, H.: Geodät. u. geophys. Veröff. R. III, **28**, 41, 1973.

[3] Zarkov, V. N. u. V. A. Kalinin: Uravnenija sostojanija tverdych tel pri vysokich davlenijach i temperaturach, Nauka, Moskva, 1968.

[4] Anderson, D. L.: Geophys. Journ. Roy. Astron. Soc. **13**, 9, 1967.
[5] Ullmann, W. u. V. L. Pan'kov: A new structure of the equation of state and its application in high-pressure and geophysics, Veröffentl. d. Zentralinst. f. Physik d. Erde Nr. 41, Potsdam, 1976.
[6] Schmidt, V.: Gerlands Beitr. Geophysik (Leipzig), **92**, 1983, 309.
[7] Davydov, B. I.: Izv. ANSSSR, Serija geofiz., **12**, 1411, 1956.
[8] Wagner, C., Ullmann, W. u. Heinrich, R.: Gerlands Beitr. Geophysik (Leipzig), **83**, 2/3, 1974, 159.
[9] Walzer, U.: phys. stat. sol. (6) **125**, 1984, 55.
[10] Cochran, W.: Adv. Phys. **8**, 1960, 387.
[11] Stiller, H. u. Franck, S.: Gerlands Beitr. Geophysik (Leipzig), **87**, 240, 1978.
[12] Franck, S. u. Stiller, H.: Phys. Earth Planet. Inter. **22**, 189, 1980.
[13] Franck, S.: Z. geol. Wiss. (Berlin) **9**, (11), 1343, 1981.

Heinz Kautzleben

Modelle in der Geophysik

1. Einleitung

Unter einem Modell versteht man die Abbildung komplizierter Strukturen, Funktionen oder Verhaltensweisen eines Objektes oder Systems von Objekten in vereinfachter, nur auf die wesentlichsten Eigenschaften beschränkter, übersichtlicherer Form. Das Modell kann als Modellvorstellung die Anschauung komplizierter Systeme ermöglichen. Es muß mathematisch oder technisch-physikalisch realisiert werden können. Das Modell kann als Modelltheorie zur Untersuchung von Teilaspekten realer Objekte herangezogen werden, ohne daß es real existiert oder real konstatiert werden kann. Modelle können zur Gewinnung von neuen Erkenntnissen über ein Original und einzelne seiner Eigenschaften genutzt werden, wenn aus Eigenschaften des Modells durch Analogie auf entsprechende Eigenschaften des Originals geschlossen werden kann oder am Original selbst nicht meßbare Eigenschaften im Modell gefaßt werden können. In der Geophysik werden Modelle seit langem in vielfältiger Weise verwendet. Im Vortrag wird versucht, die Merkmale dieser Methoden zu charakterisieren sowie ihre weitere Entwicklung einzuschätzen.

2. Modelltypen

Die verschiedenen in der Geophysik verwendeten Modelle kann man drei hauptsächlichen Typen zuordnen: a) „Beobachtungsmodelle“ zur sachgerechten Beschaffung und Darstellung von Beobachtungen, speziell Meßergebnissen; b) „Interpretationsmodelle“ zum Aufbau physikalischer Theorien zur Interpretation der beobachteten geophysikalischen Phänomene einschließlich abgeleiteter, nicht direkt beobachtbarer Eigenschaften; c) „Anologiemodelle“ für Modellversuche zur Simulation nicht oder nur schwer beobachtbarer Eigenschaften und Vorgänge.

2.1. Beobachtungsmodelle

Die geophysikalischen Erscheinungen sind wie alle Erscheinungen auf der Erde, in der Erde und in ihrer Umgebung gewöhnlich außerordentlich komplex. Ein hervorstechendes Merkmal ist ihre mehr oder weniger stark ausgeprägte Abhängigkeit von Ort und Zeit mit mehr oder weniger großen zufälligen Unregelmäßigkeiten. Die ausreichende Erfassung einer geophysikalischen Erscheinung erfordert stets einen beträchtlichen Beobachtungsaufwand, der nur durch eine zweckmäßige Organisation beherrscht werden kann. Alle Beobachtungen und Messungen enthalten Fehler. Das unmittelbare Meßergebnis ist nur in einfachen Fällen bereits zur Charakterisierung der interessierenden Erscheinung geeignet und muß gewöhnlich in aussagekräftigere Größen transformiert werden.

Nach wie vor besitzt als Modell für die mathematisch-statistische Analyse der Beobachtungen eine sehr große Bedeutung die Normalverteilung, die von Gauß zur Begründung der Methode der kleinsten Quadrate vor fast 200 Jahren eingeführt worden ist. Breite Anwendung finden seit Jahren orts- und zeitabhängige Zufallsfunktionen. Unter gewissen Voraussetzungen ist die optimale Darstellung solcher Funktionen auf der Kugeloberfläche identisch mit der von Gauß entwickelten Reihendarstellung mittels Kugelflächenfunktionen für ein Feld, das ein skalares Potential besitzt. Die Konzeption der mehrdimensionalen Zufallsfunktion ermöglicht es darüber hinaus, geophysikalische Beobachtungen verschiedenster Art in optimaler Weise zu kombinieren. Erwähnt sei z.B. die sog. Kollokationsmethode der Geodäsie.

Neben diesen mathematischen Modellen werden mit dem Ziel der Datenkompression in großem Maße auch physikalische Modelle verwendet, wobei eine physikalische Deutung der Beobachtungen im eigentlichen Sinne noch nicht vorliegt. Beispiele sind die Modelle zur Ableitung von Amplituden und Perioden in geophysikalischen Zeitreihen, zur Ableitung der Lovezahlen in der Gezeitenforschung, zur Ableitung der Laufzeit-Kurven in der Seismologie, zur Bestimmung des scheinbaren Widerstandes in der Geoelektrik.

Beobachtungsmodelle ermöglichen folglich die Ausschaltung von Beobachtungsfehlern und die maximale Datenkompression in sachlich angemessener Form ohne Vorgriff auf die physikalische Deutung. Die Qualität des abgeleiteten Modells für die beobachtete Erscheinung kann dabei mit Hilfe allgemein bewährter mathematischer Verfahren exakt beurteilt werden. Der Nachteil dieser Modelle besteht darin, daß zwar physikalische Messungen vorgenommen, die erhaltenen Meßwerte jedoch (noch) nicht auf die realen physikalischen Ursachen zurückgeführt worden sind. Ihr Vorteil ist die maximale Datenkompression. Dadurch wird bei der intellektuellen Weiterverarbeitung das Kurzzeitgedächtnis des Menschen entlastet und kann für die Aufdeckung von neuen eigentlich interessierenden logischen Strukturen und Verknüpfungen eingesetzt werden.

An dieser Stelle sei darauf hingewiesen, daß Beobachtungsmodelle sehr eng mit den Karten als der für die Geowissenschaften insgesamt typischen Darstellungsform von Beobachtungen verwandt sind. Karten sind dabei wesentlich anschaulicher und mit Details stärker angereichert; Beobachtungsmodelle unter mathematischen Gesichtspunkten stärker formalisiert und auf das Wesentliche konzentriert und vor allem für die mathematische Weiterverarbeitung direkt geeignet.

2.2. Interpretationsmodelle

Ein typisches Beispiel für ein Interpretationsmodell im Sinne dieses Vortrages ist das Modell für die Verteilung der Dichte, der Elastizitätsparameter und weiterer damit verknüpfter physikalischer Parameter im Erdinnern, wie es für die physikalische Interpretation der Ausbreitung seismischer Wellen durch den Erdkörper entwickelt worden ist, aber auch für die Deutung weiterer geophysikalischer Erscheinungen benötigt wird. Interpretationsmodelle setzen eine hochentwickelte, quantitative physikalische Theorie der relevanten geophysikalischen Erscheinungen voraus, deren Aussagen mit den eingehenden geophysikalischen Beobachtungen weitgehend übereinstimmen. Dabei müssen jedoch Hypothesen physikalischer Art vorausgesetzt werden, die nicht direkt geprüft werden können. Große Schwierigkeiten resultieren aus der Vieldeutigkeit der Lösung der inversen Aufgaben.

Streng genommen wird das Modell der Dichteverteilung direkt benötigt für die physikalische Deutung der beobachteten Werte für die Dimension, die Gesamtmasse, die Trägheitsmomente und die weiteren Parameter des Schwerefeldes der Erde. Ein eindeutiges Modell kann aus diesen Daten ohne Hinzunahme weiterer Beobachtungen nicht berechnet werden. Zur Deutung der Ausbreitung der seismischen Raumwellen genügt es, wenn die Verteilung ihrer Wellengeschwindigkeiten im Erdinnern bekannt ist. Diese kann man, jedoch nicht eindeutig, nach dem Verfahren von Wiechert-Herglotz aus den empirisch ermittelten Laufzeitkurven ableiten. Zur Deutung der Eigenschwingungen und der Ausbreitung der seismischen Oberflächenwellen reicht diese Kenntnis jedoch nicht aus. Seit der Arbeit von Adams und Williamsson vor etwa 6 Jahrzehnten ist bekannt, wie man durch Kombination der verschiedenen Beobachtungen und Verwendung von Annahmen über das thermodynamische Verhalten und den Einfluß stofflicher Unterschiede das gesamte verwickelte Problem mit hoher Zuverlässigkeit lösen kann. Die heute vorliegenden Modelle sind bereits Näherungslösungen höherer Ordnung (vgl. z.B. K. E. Bullen: The Earth's Density, 1975).

Anhand dieses Beispieles lassen sich einige Merkmale von Interpretationsmodellen gut erläutern. Interpretationsmodelle umfassen stets ein Modell für die Ursachen und eine Theorie des physikalischen Vorganges, der zu der eigentlich beobachteten geophysikalischen Erscheinung führt. Beide Seiten des Modells sind selten Beobachtungen direkt zugänglich, sondern werden aus Spekulationen, Hypothesen, Theorien abgeleitet.

Die Aussagen des Interpretationsmodells über die geophysikalische Erscheinung werden in derselben Form vorgelegt, wie sie das Beobachtungsmodell liefert (im Beispiel: in Form der Laufzeitkurve). Es ist außerordentlich schwierig, die Signifikanz des Interpretationsmodells differenziert zu beurteilen. Diese kann zumeist nur danach eingeschätzt werden, wieweit die theoretischen Aussagen insgesamt, pauschal den Beobachtungen der bereits in die Ableitung des Modells einbezogenen Erscheinungen bzw. auch von neuartigen Phänomenen entsprechen. Ein wichtiges Merkmal für ein hochwertiges Interpretationsmodell ist, daß es konsistent, d.h. in sich widerspruchsfrei ist. Beim Vergleich der Modellaussagen mit den Beobachtungen dürfen keine

Beobachtungen willkürlich gegenüber anderen bevorzugt werden. Bei der Ableitung von Interpretationsmodellen müssen zumeist die Vertreter mehrerer Teilgebiete der Geophysik zusammenarbeiten.

In der Geophysik gibt es nur sehr wenige Interpretationsmodelle, die so weit wie das Modell für den mechanischen Aufbau des Erdinneren entwickelt worden sind.

Ausgesprochen dynamische Modelle werden zur Deutung der Thermodynamik des Erdinnern, zur Erklärung des geomagnetischen Hauptfeldes und seiner säkularen Änderungen sowie zur Erklärung der geotektonischen Vorgänge und ihrer Antriebsmechanismen benötigt. Weitgehend spekulativen Charakter haben immer noch die Modelle in der Festkörperphysik des Erdinnern. Direkte Beobachtungen fehlen dafür völlig. Sie müssen durch Analogiebeobachtungen und Simulationsversuche ersetzt werden.

2.3. Analogiemodelle

Dieser Typ von Modellen wird bei den geophysikalischen Modellversuchen eingesetzt. Ihr Ziel ist, die Interpretation der Beobachtungen durch mathematische oder physikalische Modellierung bei systematischer Veränderung der Randbedingungen zu verbessern bzw. zu erleichtern, am Original nicht zu erreichende Angaben durch Simulationsversuche im Labor zu gewinnen, oder überhaupt erst einen Ansatzpunkt für eine Interpretationstheorie zu schaffen. In allen Fällen bereiten die extremen Ausmaße der geophysikalischen Erscheinungen und Objekte, die extremen thermodynamischen Bedingungen, insbesondere im Erdinnern und in der Hochatmosphäre, sowie die langen Zeiträume, für die das Verhalten der Materialien aus der normalen physikalischen Laborforschung nicht bekannt ist, sehr große Schwierigkeiten. Der zulässige Spielraum für die Modellbildung wird durch Randbedingungen nach den möglichen direkten geophysikalischen Beobachtungen bestimmt. Einzuhalten sind natürlich die aus der Dimensionsanalyse folgenden Ähnlichkeitsforderungen. Ein großes Interesse an Modellversuchen besteht bei solchen Problemen und Vorgängen, deren physikalische Theorie extrem verwickelt oder nichtlinear ist.

3. Optimale und Standardmodelle

Bei der Modellbildung in der Geophysik ist es häufig notwendig, zwischen optimalen und Standardmodellen zu unterscheiden. Optimale Modelle sind solche, bei denen alle verfügbaren relevanten Beobachtungen bestmöglich erfaßt werden. Standardmodelle sind häufig demgegenüber mehr oder weniger stark vereinfacht. Sie sollen dann nur die wesentlichsten Eigenschaften der Erscheinung widerspiegeln und als Bezugsmodelle für die weitere Untersuchung der im Standardmodell nicht erfaßten Details der Erscheinung dienen. Diese Zielstellung ähnelt der bei der Definition von Normalfeld und Anomalien, wie sie speziell bei der Untersuchung von geophysikalischen Potentialfeldern auftritt.

Das Standardmodell muß ebenso wie das optimale Modell physikalisch konsistent sein. Standardmodelle spielen überall dort eine große Rolle, wo Dienstaufgaben mit praktischer Bedeutung routinemäßig zu erfüllen sind. Beispiele sind: die Standard-Erde für die Seismologie und die Geodäsie, die Standardatmosphäre, die Standard-ionosphäre.

Standardmodelle werden durch internationale Vereinbarungen definiert und dürfen nur in größeren Zeitabständen verändert werden, auch wenn in dieser Zeit zahlreiche neue Beobachtungen wesentliche Verbesserungen der jeweiligen optimalen Modelle ermöglicht haben. Die Konzeption des Standardmodells ist zulässig, wenn die Abweichungen des optimalen vom Standardmodell nur so gering sind, daß sie als kleine Störungen mit Hilfe einer linearen Theorie behandelt werden können.

Standardmodelle werden auch in solchen Fällen verwendet, wenn durch sie der physikalische Tatbestand eindeutig charakterisiert wird und lediglich eine Anpassung an die konkrete Situation durch Bestimmung der Zahlenwerte für die Modellparameter erforderlich ist. Das ist z.B. bei der Beschreibung bestimmter typischer Vorgänge zu verschiedenen Zeiten der Fall.

4. Modelle in der angewandten Geophysik

Bei den bisherigen Darlegungen wurden besonders die Erfahrungen im Umgang mit Modellen aus der Physik des Erdkörpers ausgewertet. Viele dieser Aussagen treffen auch auf die anderen Teilgebiete der Geophysik zu. In der Hydrologie, Ozeanologie, Meteorologie, Physik der Hochatmosphäre und Physik der Magnetosphäre dürfte der Aspekt, daß nicht überall direkte Messungen möglich sind, eine geringere und der Aspekt, daß zeitlich stark variable Vorgänge großes Interesse haben, eine wesentlich größere Bedeutung für die Modellbildung haben. Auf diese Besonderheiten sollten die Spezialisten der genannten Gebiete eingehen.

In diesem Vortrag sind jedoch einige Hinweise zur Modellbildung in der sog. angewandten Geophysik unerläßlich. Erstens beschränkt sich die angewandte Geophysik auf relativ kleine Teile der Erdoberfläche und die obersten Schichten der darunter liegenden Lithosphäre. Die Geometrie ist dann der Halbraum, über dessen von der ebenen Oberfläche weit entfernte Teile keine Aussagen benötigt werden. Zweitens werden die zu analysierenden geophysikalischen Phänomene zumeist künstlich erregt. Die Modelle gelten also häufig für gezielte Experimente, nicht nur für die Auswertung von Beobachtungen. Drittens wird der Spielraum für die Bildung geophysikalischer Modelle durch eine Vielzahl geologischer Beobachtungen und Überlegungen wesentlich beschränkt. Die Lösung der inversen Aufgabe erfolgt deshalb unter spezifischen Gesichtspunkten. Viertens gibt es in der angewandten Geophysik wesentlich mehr „Beobachtungs-" als „Interpretationsmodelle".

Die im Prinzip möglichen Verfahren der angewandten Geophysik werden in einer Vielzahl von Varianten angewendet, die sich vor allem in technischer und ökonomischer Hinsicht unterscheiden. Für jedes Verfahren existiert eine hochentwickelte mathematisch-physikalische Beobachtungstheorie. In der angewandten Geophysik kommt es nicht immer darauf an, aus den Beobachtungen alle möglichen Informationen herauszuholen. Es müssen jedoch stets die effektiven (auch unter ökonomischen Aspekten und im Vergleich zu anderen Untersuchungsmethoden) Informationen abgeleitet werden. Bei der Interpretation werden in großem Maße empirische Beziehungen zwischen den eigentlichen Messungen und den interessierenden Eigenschaften genutzt. Dabei wird in wesentlich geringerem Maße der Begriff Modell verwendet. In der Geologie ist der Modellbegriff nicht üblich.

5. Schlußbemerkung

In der Geophysik gehört das Modell zu den unentbehrlichen Hilfsmitteln der Forschung und der praktischen Nutzung ihrer Ergebnisse. Da das Modell ein solches Abbild des Originals ist, das mathematisch oder physikalisch exakt beherrscht wird, darf man es nicht mit üblichen, häufig noch qualitativen Beschreibungen der Realität gleichsetzen. Für eine möglichst weitgehende Beschreibung des Originals werden die Aussagen des Modells gewöhnlich noch mit qualitativen Angaben ergänzt, die jedoch nicht in Widerspruch zu den Modellaussagen gesetzt werden dürfen.

Die geophysikalische Forschung behandelt es als eine ihrer ständigen Aufgaben, die bestehenden Modelle weiterzuentwickeln und neue Modelle zu erarbeiten. Eine besonders aktuelle Richtung ist hierbei die Entwicklung von leistungsfähigen Modellen für die Erfassung und Deutung geodynamischer Erscheinungen und Prozesse. Ebenso unerläßlich wie aktuell sind die Modelluntersuchungen zur Aufklärung solcher geophysikalischer Eigenschaften und Strukturen, die direkten Messungen und Beobachtungen nicht zugänglich sind. Als genereller Trend zeichnet sich auch in der Geophysik der Übergang zur Bearbeitung von komplexeren Fragestellung ab, bei denen der klassische Weg der Physik des Zusammenbaus der Lösungen von einfacheren Teilsystemen schnell in Schwierigkeiten führt. Hierbei kann die Verwendung von Modellen helfen.

Da es in der Geophysik wie in allen Geowissenschaften immer darauf ankommt, über die Lösung methodischer Aufgaben hinaus Aussagen zum konkreten Forschungsobjekt zu liefern, müssen auch die entwickelten Modelle stets objektkonkret gestaltet werden. Eine wichtige Aufgabe, deren ausreichende Lösung noch fehlt, besteht darin, den Grad der Übereinstimmung des Modells mit dem Objekt zuverlässig zu beurteilen. Hierüber muß auch weiterhin intensiv gearbeitet werden.

Wolfgang Böhme

Prognosen

Ich habe es übernommen, über ein Gebiet zu sprechen, das in den Geo- und Kosmoswissenschaften eine herausragende Rolle spielt. Meine Aussagen werden nach einer kurzen Definition des Gegenstandes folgende ausgewählte Aspekte betreffen:

1. Die Prognose als Erkenntnismittel
2. Über Besonderheiten der Prognostizierung in den Geo- und Kosmoswissenschaften
3. Zur Frage der Prognostizierbarkeit (einschließlich der Beziehungen zwischen Prognose und Scale)
4. Zum Kombinationseffekt unterschiedlicher Formen von Prognosen
5. Über Bemühungen, Prognoseverfahren möglichst robust gegen Zufälligkeiten zu machen.

Das sind bei weitem nicht alle Aspekte, die man einbeziehen könnte und sogar einbeziehen müßte, wenn mehr Zeit zur Verfügung stehen würde. Dazu könnte z.B. gehören

— das Feld der Verifikation der Prognose
— das Prinzip der Nachführung von Prognosen
— psychologische Probleme beim Aufstellen von Prognosen.

Ich bitte die folgenden Ausführungen sozusagen bezogen auf die gesamten Geowissenschaften zu sehen, obwohl Erläuterungen und Beispiele natürlich immer von bestimmten Disziplinen abzuleiten sind.

Das Wesen der Prognose, so wie wir es hier verstehen wollen, besteht darin, aus vorangehenden Zuständen und Verhalten eines Objektes oder eines Systems auf zukünftige Zustände bzw. zukünftiges Verhalten zu schließen, d.h. im Besonderen, daß die voraussichtliche Entwicklung in der Zeit (oder einer abgeleiteten Größe der Zeit) erfaßt wird.

Die Methoden, die benutzt werden, um von Gegenwärtigem und Vergangenem auf Zukünftiges zu schließen, können dabei sehr unterschiedlich sein. Sie können reichen

von der Ausnutzung (bzw. auch der vorangehenden Ableitung) definitiver Naturgesetze (wie z.B. dem Fallgesetz, wonach ausgesagt werden kann, welche Geschwindigkeit ein im luftfreien Raum fallender Körper nach einer bestimmten Zeit erreicht hat) über die Ausnutzung von auf physikalischer Grundlage beruhenden Modellvorstellungen, die z. B. durch mehr oder weniger komplizierte Differenzialgleichungssysteme repräsentiert werden, wie es z. B. normalerweise in der numerischen Wettervorhersage der Fall ist,

bis zu Analogieschlüssen des Systemverhaltens aus bisher vorliegenden Erfahrungen, die statistisch aufbereitet sein können, wenn das System selbst sehr komplex ist und in seiner inneren Dynamik bei weitem noch nicht erschlossen ist, wie es z. B. für Prognosen in der Medizin typisch ist, aber natürlich auch in unseren Fachdisziplinen häufig vorkommt.

1. Prognose als Erkenntnismittel

Wenn man meint, das Anliegen der Prognose würde sich darin erschöpfen, daß sie zukünftige Zustände und Prozesse vorhersagt, dann wird man ihrer Bedeutung für den Fortschritt in der Gesellschaft und in der Wissenschaft nicht gerecht.

Die Prognose und die Verifikation ihres Resultates als Einheit betrachtet, sind ein außerordentliches Hilfsmittel unserer Erkenntnis. Die Verifikation der Prognose ist praktisch identisch mit dem viel zitierten Prüfstein der Praxis gegenüber der Theorie. Diese Aussage gilt sehr allgemein, selbst wenn es zunächst vordergründig nicht so aussieht; aber wenn z. B. ein Architekt ein Bauwerk entwirft, benutzt er physikalische Gesetze und läßt es so bauen, daß er mit großer Sicherheit aussagen (d. h. prognostizieren) kann: es wird sich entsprechend den konkreten Erfordernissen stabil verhalten. Im übrigen sind Prognosen dort, wo man die Natur nicht oder nicht entscheidend beeinflussen kann, das einzige wesentliche Mittel, wie die Erkenntnisse unmittelbar nutzbar gemacht werden können.

2. Besonderheiten in den Geo- und Kosmoswissenschaften

Man muß, glaube ich, nicht erwarten, daß es Züge der Prognostizierung gibt, die allein den Geo- und Kosmoswissenschaften zu eigen sind; es ist eher so, daß bestimmte Verfahren und Methoden in den Geowissenschaften besonders ausgeprägt sind.

Worin bestehen diese Besonderheiten?

5 Aspekte seien genannt:

(1) Objekte und Prozesse in den Geo- und Kosmoswissenschaften sind oft außerordentlich komplex. Sie enthalten oft Komponenten und Teilprozesse, die nicht voll bekannt oder überblickbar sind, und die uns als Zufall erscheinen. Man denke z. B. an Fragen der Flächennutzung oder an den Aufbau und Zusammenbruch von Spannungen in der Erdkruste.

(2) Selbst wenn die Objekte und Prozesse relativ durchsichtig sind, ist die Messung und Erfassung des Zustandes oft nur angenähert möglich, d. h. Anfangszustand oder/

und Vorgeschichte sind nur näherungsweise bekannt. Auch damit entsteht eine Zufallskomponente.

(3) Geowissenschaftliche und kosmoswissenschaftliche Objekte und Prozesse überdecken einen weiten Scalebereich, und zwar räumlich und zeitlich, und selbst dann, wenn man in einer der Disziplinen praktisch nur ein Objekt betrachtet. Es sei hier z.B. an ein galaktisches System erinnert, wo sich die räumlichen Dimensionen von Lichtjahren für das Gesamtsystem über Prozesse in den Sternatmosphären und den umgebenden Gaswolken bis zu cm-Bereichen erstrecken und eine vielfältige Wechselwirkung zwischen den Scales besteht.

(4) Wesentlich ist auch, daß geo- und kosmoswissenschaftliche Objekte und Prozesse oftmals nur der Beobachtung zugänglich sind. Aktive Experimente können nicht oder nur sehr verarmt durchgeführt werden. Man kann also die Prognoseverfahren nicht durch aktive Experimente testen, sondern muß warten, bis uns die Natur Gelegenheit bietet. Bezüglich mancher Fragestellung tut sie das regelmäßig durch die bloße Existenz, z.B. bezüglich des Wetters als Zustand der Atmosphäre, bezüglich anderer Fragestellungen sind es selten auftretende Ereignisse (z.B. Bildung, Entwicklung und Absterben tropischer Wirbelstürme).

(5) Vielfach bestehen Ähnlichkeiten in der Komplexheit und in weiteren Eigenschaften zu biologischen Systemen; es gibt oftmals Teile, die sich wie Individuen verhalten (z.B. Sterne, Strömungssysteme im Ozean und der Atmosphäre).

3. *Prognostizierbarkeit*

Wir werden hier 4 Aspekte für die Betrachtung auswählen.

(1) Das Vorhandensein von zufälligen Komponenten

- wegen der außerordentlichen Kompliziertheit der Objekte und Prozesse, deren Vielfalt nicht voll zu übersehen ist,
- wegen des Mangels an Möglichkeiten der Bestimmung von Ausgangszuständen,
- wegen des Hineinwachsens von Entwicklungen aus anderen Scales

begrenzt die Vorhersagbarkeit für bestimmte Fragestellungen objektiv. Die durch die Kompliziertheit der Prozesse bzw. die mangelhafte Bestimmung des Anfangszustandes hineingetragenen Unsicherheiten sind dabei prinzipiell gleichberechtigt. Das sei an folgendem Beispiel (Abbildung 1 und 2) erläutert [1]. Wir betrachten die nichtlineare Gleichung

$$y_{n+1} = a\,y_n - y_n^2, \quad 0 \leq a \leq 4, \quad 0 \leq y_0 \leq a$$

Sie kann verstanden werden als die Realisierung eines physikalischen Systems zu den Zeitpunkten n. Die „Physik“ steckt im wesentlichen im Parameter a; y_0 repräsentiert den Anfangszustand des Systems.

In der Abbildung 1 ist der Verlauf der Funktion y_n für den Parameter $a = 3{,}7500$ und den Anfangswert $y_0 = 1{,}5000$ dargestellt.

Variiert man die Verhältnisse (die niemals genau bekannt sind), indem man entweder den physikalischen Parameter oder den Anfangswert um jeweils 10 Einheiten ändert, so kann man feststellen, daß diese Unsicherheit mit der Zeit zu einer zunehmenden Abweichung der Lösung von der in Abbildung 1 dargestellten Lösung führt. Die Abweichungen sind für beide Fälle in der Abbildung 2 dargestellt. Man sieht, daß die Abweichungen zunächst ziemlich gleichmäßig mit der Zeit zunehmen, bis nach etwa 18 Zeitschritten ein Sättigungswert erreicht wird, d.h. es hängt der wachsende Fehler nicht wesentlich davon ab, woher er stammt, ob also aus der falsch angenommenen „Physik" oder aus den nicht genau bekannten Anfangswerten.

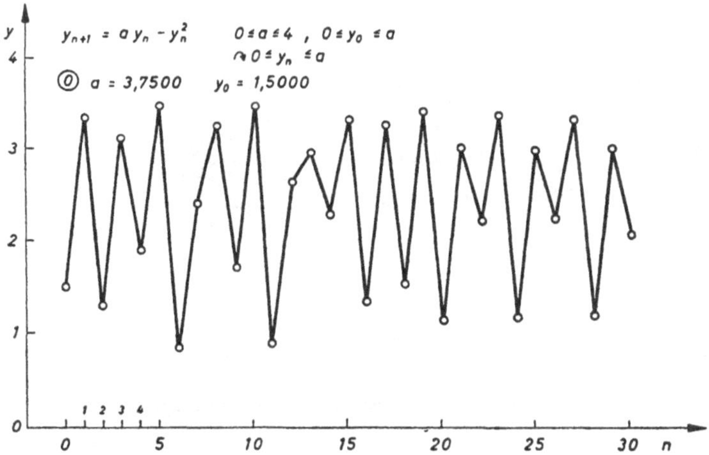

Abb. 1 Verlauf der Funktion $y_{n+1} = ay_n - y_n^2$

(2) Obwohl mit Sicherheit feststeht, daß die Fehler solcher Vorhersagen mit zunehmender Zeit anwachsen, wie auch das Beispiel zeigt, muß man mit der Aussage, es gäbe absolute Grenzen für die Vorhersagbarkeit, vorsichtig sein. Die reale Vorhersagbarkeit hängt von der Fragestellung und der verwendeten bzw. verfügbaren Methodik ab. Das folgende Beispiel aus dem Gebiet der numerischen Wettervorhersage möge dies erläutern: Bei der Anwendung der modernsten Methoden der numerischen Wettervorhersage auf die Vorgänge in der Atmosphäre selbst sind zwei sich anfangs nur sehr wenig unterscheidende Zustände schließlich nach 10 bis 14 Tagen soweit auseinandergelaufen, daß sie sich nicht mehr von 2 zufällig ausgewählten Wetterzuständen im Mittel unterscheiden, d.h. die Vorhersage gibt keine Information über das hinaus, was man schon klimatologisch aussagen könnte. Das bedeutet, es gibt eine Grenze für solche Vorhersagen, die für die Atmosphäre der Erde bei etwa 2 Wochen liegt: Würde man diese Aussage absolut nehmen, so wäre jede weitere Suche nach Verfahren zur Monatsvorhersage bzw. für längere Zeiträume wie Jahreszeiten zwecklos.

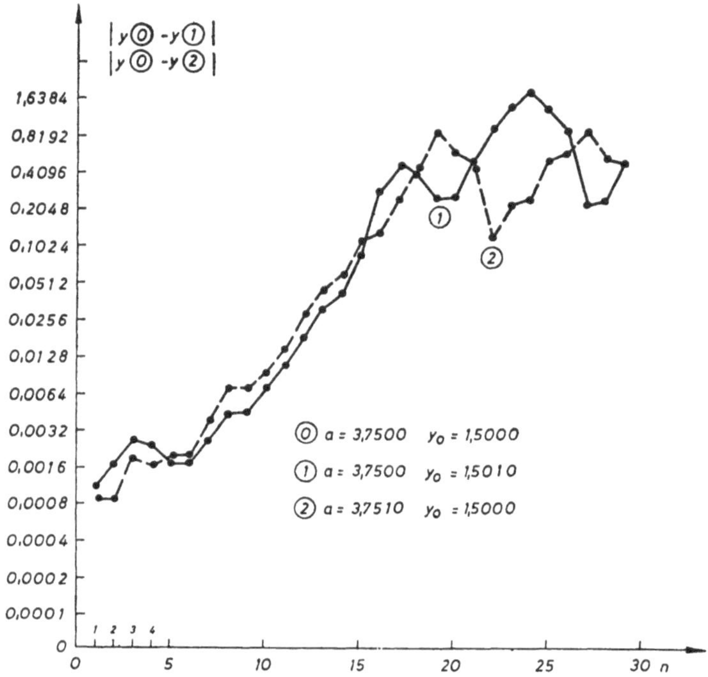

Abb. 2 Größe des Fehlers von y_n bei Fehlern im physikalischen Parameter a bzw. im Anfangswert y_0

Andererseits haben aber Monatsvorhersagen noch eine wissenschaftliche Leistung über die klimatologischen Angaben hinaus. Das hängt damit zusammen,

a. daß Anomalien an der Grenzfläche der Erdatmosphäre mit längerer Erhaltungsdauer auftreten (z. B. Ozeanoberflächentemperaturen oder auch Feuchtezustand des Erdbodens)
b. daß es bestimmte Anordnungen und Strukturen der atmosphärischen Zirkulation gibt, die eine längere Vorhersagbarkeit aufweisen.

Zu den unter b. erwähnten Anordnungen und Strukturen gehören u. a.

— die langen Wellen in der Atmosphäre
— sogenannte Blockierungslagen (bei denen die durchgehende Westströmung wesentlich unterbrochen ist)
— Eigenschwingungen der Atmosphäre, die allerdings auch sehr komplex sein können und die in komplizierter, aber definierbarer Wechselwirkung mit den aufgeprägten Kräften (Wechsel des Sonnenstandes, Jahresablauf) stehen (sie leiten sich daraus ab, daß die Atmosphäre, wie etwa eine eingespannte Seite, begrenzt ist).

Durch all diese Ursachen und Erscheinungen gibt es Prognostizierbarkeit, die weit über die oben erwähnten 14 Tage hinausgeht.
Eine Möglichkeit, weiter voranzukommen, die in einigen Bereichen der Geowissenschaften genutzt wird, besteht darin, den bereits vorhersagbaren Teil vom Gesamtverlauf abzuziehen und das Zurückbleibende, die Residuen, weiter zu untersuchen. Natürlich kann man das auch mit Residualfeldern tun.

(3) Die oftmals mögliche Betrachtung von Vorgängen als das Verhalten eines Individuums verhilft zu weiteren Einsichten. Beispiele kann man sicher aus der Astrophysik aber auch zum Teil aus der Ozeanographie und der Meteorologie anführen. Die Vorhersagbarkeit eines Individuums korrespondiert mit dessen normaler Lebensdauer (oder mit der Ablaufzeit der interessierenden Prozesse); das ist an biologischen Analogien sehr einleuchtend. Wenn das konkrete Individuum noch nicht existiert, ist es praktisch nicht möglich, Vorstellungen über die Besonderheiten seines Verhaltens abzuleiten.
Es lassen sich dann höchstens Ensembleaussagen ableiten. Wenn es aber konkret existiert und genügend Informationen über die Eigenschaften und seine Umgebung vorliegen, sind prognostische Aussagen meist für die gesamte Lebenszeit möglich. So verhält es sich mit einer keimenden Pflanze und so verhält es sich mit einer gerade entstehenden Konvektionszelle in der Atmosphäre.
Nun ist es oftmals so, daß die Lebensdauer mit der räumlichen Ausdehnung eines Individuums oder eines individuellen Prozesses korreliert ist. Sie existieren um so länger, je größer sie sind. In der Atmosphäre gilt, daß großräumige Prozesse, die große Teile der Erdoberfläche betreffen, langlebiger und länger vorhersagbar sind als kleinskalige Objekte und Prozesse wie zum Beispiel eine Staubtrombe.

(4) Bei der Anwendung von Modellvorstellungen ganz gleich ob mehr qualitativer oder quantitativ-numerischer Art wird die Vorhersagbarkeit manchmal künstlich dadurch wesentlich reduziert, daß sogenannte strukturelle Übergänge von den Modellen nicht erfaßt werden, d.h. es treten Zustände auf, für die die beschreibenden ursprünglichen Modelle strukturell modifiziert werden müßten. In Praxis kann dies der Fall sein, wenn normalerweise vernachlässigbare Prozesse bzw. Terme in numerischen Modellen für bestimmte Zeit- oder Raumabschnitte Bedeutung erlangen -- in der Meteorologie z.B. rechnet man normalerweise quasistatisch, d.h. die Vertikalbeschleunigungen werden vernachlässigt, bei heftiger Konvektion (Gewitter) ist dies aber nicht mehr zulässig.
Die praktische Schlußfolgerung ist, daß man versuchen muß, die Natur durch Modelle mit variabler Struktur nachzubilden, wobei das Bestimmungsglied für den strukturellen Status selbst zeit- bzw. raumvariabel sein kann.

4. Zum Kombinationseffekt

Da die im Geokosmos vorhandenen Objekte und ablaufenden Vorgänge sehr komplex sind, sind Vorhersagen auf sehr verschiedenen Wegen möglich, z.B. mit sehr vereinfachten numerischen Modellen unter Verwendung auch der Vorgeschichte, mit komplexen Modellen unter Verwendung des entsprechenden Anfangszustandes, mit statistischen Methoden der verschiedensten Art, wie Analogieschlüssen oder auch selbstlernenden regressiven Modellen, oder auch durch eine sorgfältige Analyse der physikalischen Prozesse verbunden mit qualitativen Schlußfolgerungen. Mit all diesen Modelltypen ist eine bestimmte Vorhersagegüte erreichbar, wenn die Modelle sinnvoll gewählt sind. Es kann bewiesen werden — das ist schon länger bekannt — daß für zwei Verfahren mit einer bestimmten Güte immer ein kombiniertes Verfahren gefunden werden kann, dessen Güte höher als die Güte der beiden einzelnen Verfahren ist. Das kann man im übrigen unter Hinzunahme weiterer Methoden fortsetzen.

Die Abbildung 3 gibt hierfür ein Beispiel, das der Realität entnommen ist [2].

Es handelt sich hierbei um 2 verschiedene Prognoseverfahren. Das Prognoseverfahren 1 ist das übliche synoptische Verfahren, d.h. es basiert auf den Kenntnissen der Meteorologen über die physikalischen und dynamischen Vorgänge ohne Zuhilfe-

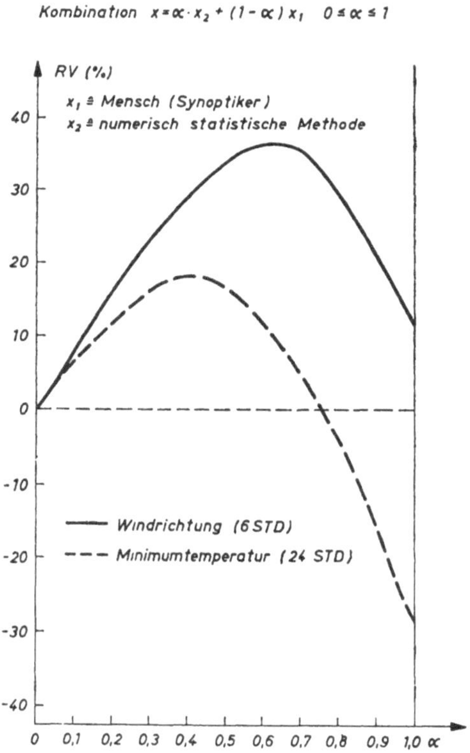

Abb. 3 Abhängigkeit der Reduktion des Fehlers (Reduktion der Varianz) gegenüber der Vorhersagemethode „2“ bei Kombinationsvorhersagen in Abhängigkeit von der Wahl des Kombinationsparameters

nahme von numerischen bzw. statistischen Modellen, die Methode 2 ist eine kombinierte numerisch-statistische Methode. Beide Methoden für sich genommen sagen die wirklichen Vorgänge nur bis zu einem gewissen Genauigkeitsgrad voraus. Die nichtvorhergesagte Varianz der atmosphärischen Zustände bei einer Vielzahl von Prognosen nach der numerisch-statistischen Methode wird gleich 100% gesetzt.

Kombiniert man die Aussagen der numerisch-statistischen Methode (2) und des Synoptikers (1), so erreicht man normalerweise eine Reduktion dieser Varianz, die bezüglich Vorhersagen der Windrichtung bei günstiger Wahl der Kombination fast 40% betragen kann. Der Faktor α, der in der Abbildung 3 als Ordinate gewählt ist, gibt an, mit welchem Gewicht das Ergebnis der Vorhersage des Synoptikers eingeht. $\alpha = 0$ bedeutet, daß es nicht berücksichtigt wird, $\alpha = 1$ bedeutet, daß das Ergebnis der numerisch-statistischen Methode nicht berücksichtigt wird. Der Abbildung 3 ist zu entnehmen, daß es bei den beiden aufgeführten Elementen ein α gibt, bei dem eine maximale Güte der Vorhersage erreicht wird. Es liegt bezüglich der Windrichtung bei 0,7, bezüglich der Vorhersage der Minimaltemperatur bei etwa 0,4. Der Abbildung ist außerdem zu entnehmen ($\alpha = 1$), daß die Vorhersage des Synoptikers bei der Windrichtung besser ist, als die sich aus der numerisch-statistischen Methode allein herleitende Vorhersage, während es bezüglich der Minimaltemperatur umgekehrt ist.

5. *Robustheit*

Eine Frage, die hohe Bedeutung hat, die bisher aber nur in wenigen Arbeiten berührt worden ist, stellt die Sicherung der Robustheit des Modells gegen zufällige Fehler dar, oder man kann auch sagen, ist die Frage der Einführung selbstheilender Prozeduren in Vorhersagemethoden.

Solche Vorkehrungen sind erwünscht, da sich Fehler in die Ausgangsdaten einschleichen können. Bei den üblichen numerischen Verfahren werden deshalb viele Prüfprozeduren angewandt, bevor die endgültige Analyse des Ausgangszustandes abgeschlossen werden kann. Die Einbeziehung von Zeitabläufen ist zur Sicherung noch eine zusätzliche Möglichkeit.

Ziemlich durchsichtig sind die Verhältnisse, wenn man mit statistischen Methoden arbeitet, denen zumeist das Analogieprinzip zugrundeliegt. Hier darf man sich niemals auf einen am besten erscheinenden Fall konzentrieren, weil die Ausgangsmaterialien Fehler enthalten können, die für die zu gewinnenden Vorhersagen katastrophale Auswirkungen haben können. Nur die Betrachtung eines Ensembles von Fällen oder von Lösungen gibt genügende (aber natürlich nicht absolute) Sicherheit, daß, wenn die verschiedenen Fälle zu ähnlichen Resultaten führen, eine wahrscheinliche Lösung des Vorhersageproblems gefunden ist.

Die Ausführungen zeigen einerseits die außerordentliche Problematik der Prognostik, andererseits aber auch die reichen Möglichkeiten für weitere Fortschritte.

Literatur

[1] Lorenz, E.N.: Some Aspects of Atmospheric Predictability, in Problems and Prospects in Long-Medium Range Weather Forecasting. Editors D. M. Burridge and E. Källén, Springer-Verlag 1984, 1–20.

[2] Über Struktur und Güte von Vorhersage-Routinen, Zentrale Wetterdienststelle des MD der DDR, März 1983.

Autorenverzeichnis

Böhme, Wolfgang, Ordentliches Mitglied der Akademie der Wissenschaften der DDR

Franck, Siegfried, Dr. sc., Zentralinstitut für Physik der Erde der Akademie der Wissenschaften der DDR, Potsdam

Kautzleben, Heinz, Korrespondierendes Mitglied der Akademie der Wissenschaften der DDR

Mundt, Wolfgang, Korrespondierendes Mitglied der Akademie der Wissenschaften der DDR

Rösler, Rolf, Prof. Dr. rer. nat. habil., Bergakademie Freiberg

Stiller, Heinz, Vizepräsident und Ordentliches Mitglied der Akademie der Wissenschaften der DDR

ISBN 3–05–500 210–5
ISSN 0138–3965

FSC
www.fsc.org
MIX
Papier | Fördert gute Waldnutzung
FSC® C083411

Zeitfracht Medien GmbH
Ferdinand-Jühlke-Straße 7
99095 Erfurt, Deutschland
produktsicherheit@kolibri360.de